今天也要好好吃饭。

蔡澜

Enjoy your life in daily meals

作品

时代出版传媒股份有限公司
北京时代华文书局

图书在版编目（CIP）数据

今天也要好好吃饭 / 蔡澜著. -- 北京：北京时代 华文书局, 2015.10
ISBN 978-7-5699-0565-6

Ⅰ.①今… Ⅱ.①蔡… Ⅲ.①饮食－文化－世界 Ⅳ.①TS971

中国版本图书馆 CIP 数据核字 (2015) 第 233095 号

今天也要好好吃饭

著　　者	蔡　澜
出 版 人	杨红卫
图书策划	陈丽杰
责任编辑	陈丽杰　李凤琴
封面设计	熊　琼
版式设计	段文辉
内文插画	苏美璐
责任印制	刘　银

出版发行	时代出版传媒股份有限公司　http://www.press-mart.com
	北京时代华文书局 http://www.bjsdsj.com.cn
	北京市东城区安定门外大街 136 号皇城国际大厦 A 座 8 楼
	邮编：100011　电话：010 - 64267955　64267677
印　　刷	北京京都六环印刷厂　010 - 89591957
	（如发现印装质量问题，请与印刷厂联系调换）
开　　本	710mm×1000mm　1/16
印　　张	16
字　　数	250 千字
版　　次	2016 年 1 月第 1 版　2017 年 11 月第 15 次印刷
书　　号	ISBN 978-7-5699-0565-6
定　　价	36.80 元

版权所有，侵权必究

目 录

今天也要好好吃饭

002／蔡澜自问自答1·关于吃
009／蔡澜自问自答2·关于美食
012／蔡澜自问自答3·关于茶
016／蔡澜自问自答4·关于酒
020／蔡澜自问自答5·关于想做的事
024／喜欢吃东西的人，基本上都有一种好奇心
027／担心是身体的毒害，不如想吃什么就吃什么
030／一桌家常菜，体会平凡生活的美好
033／最原始的烹调方式，年轻人的最爱
036／有了它，任何食物都变成了佳肴
040／天天能吃到面，也是一种幸福
049／有面的陪伴，寡淡的日子也变得温暖
053／美好的一天，从一碗米粉开始
057／一个人的美食，是另一个人的毒药
064／在随性中享受海鲜的精致与美味
071／这样吃虾，才是人生最大的乐趣
075／猪油爆虾酱，那叫一个人间美味
078／不同的烹饪方式，呈现不同的味道
081／只有用这个方法，才能做出心目中最完美的蛋
085／热爱生活的人，一定要吃顿丰富的早餐

089 / 吸骨髓，吃货才能体会到的美味

092 / 羊肉膻味十足，那才是天下美味

096 / 秋天，是吃鲤鱼的最好季节

099 / 一边托住蟹的尊贵，一边享受它的美味

103 / 金瓜米粉做得好，任何人都会爱你

106 / 朴实与奢华的美食清单

110 / 用素食来表达对生活的热爱

113 / 百种人，百样米

116 / 吃上一碗美美的炒饭，便是世上最幸福的事

119 / 变着花样吃羊肉，温暖整个冬天

122 / 食在重庆，火辣辣

125 / 羊痴们在寻觅与坚守中获取美味

128 / 真是把臭味坚持到了骨子里

131 / 美食之都的经典八餐

134 / 找到老饕，才能吃到正宗的台湾菜

137 / 一餐正宗的澳门菜，吃得心满意足

140 / 经典潮州菜，美味不失原生态

144 / 叫上一碗牛肉河，看能否重温旧梦

147 / 分享粽子，过一个温暖的端午节

151 / 爱吃泡菜的人，一吃上就停不了

155 / 平淡的日子里，最家常的味道

分享食材，
　感受日常生活的美好

160 / 葱　　　　　　162 / 油
164 / 酱油　　　　　166 / 醋
168 / 胡椒　　　　　170 / 花椒
172 / 腐乳　　　　　174 / 榨菜
176 / 生菜　　　　　178 / 菜心
180 / 萝卜　　　　　182 / 苦瓜
184 / 大豆　　　　　186 / 莴苣
188 / 辣椒　　　　　190 / 豆芽
192 / 菠菜　　　　　194 / 番薯
196 / 芦笋　　　　　198 / 鱿鱼
200 / 紫菜　　　　　202 / 牛
204 / 羊　　　　　　206 / 蛋
208 / 龙虾　　　　　210 / 蟹
212 / 蚝　　　　　　214 / 鳜鱼
216 / 黄鱼　　　　　219 / 河鳗
222 / 鲍鱼　　　　　224 / 鸡
228 / 鸭　　　　　　231 / 鹅
233 / 猪肚　　　　　235 / 火腿
237 / 蜜瓜　　　　　239 / 山楂
242 / 芒果　　　　　244 / 柠檬
246 / 红豆

蔡澜语录

1.要成为一个好吃的人,先要有好奇心。凡事有好奇心的人,对任何事物都有兴趣。就像炒饭不能死守一法,太单调,便失去乐趣。

2.做菜是消除寂寞最好的方法。一个人要吃东西的时候,千万别太刻薄自己,做餐好吃的东西享受,生活就充实。

3.人生的意义就是吃吃喝喝,就这么简单和基本,因为简单和基本最美丽。和女朋友吃的东西最好吃,妈妈做的菜最好吃。不一定最贵的食物最好吃。芥菜任何时候吃都美味,蔬菜不甜的带点苦,更似人生。

4.热爱生命的人,一定早起,像小鸟一样,他们得到的报酬,是一顿又好吃又丰盛的早餐。

5.鱼和饭的温度应该和人体温度一样,过热过冷都不合格。渐入佳境也行,先浓后淡,像人生一样。

6.食物的甜酸苦辣,和人生一样,有哀愁,也有它的欢乐。

今天也要好好吃饭

我从来不"养生",而是先把心养好,而养好心,最简单的办法就是吃很多你喜欢吃的东西,保持精神抖擞!

蔡澜自问自答1·关于吃

问:"为什么对吃那么有兴趣,从什么时候开始?"
答:"凡是好奇心重的人,对任何事物都有兴趣。吃,是基本么。大概是从吃奶时开始吧。"

问:"你是哺乳,还是喝奶粉?"
答:"吃糊。"

问:"糊?"
答:"生下来刚好是打仗,母亲营养不够,没有奶。家里虽然有奶妈,但是喂姐姐和哥哥的。战乱时哪里买得到什么Klim?只有一罐罐的米碎,用滚水一冲就变成浆糊状的东西,吃它长大的。还记得商标上有一只蝴蝶,这大概是我人生中第一次的记忆。"

问:"你提的Klim是什么?"
答:"当年著名的奶粉,现在还可以找到。名字取得很好,把牛奶的英文字母翻过来用。"

问:"会吃东西后,你最喜欢些什么?"
答:"我小时候很偏食,肥猪肉当然怕怕,对鸡也没多大兴趣。回想起来,是豆芽吧,我对豆芽百食不厌,一大口一大口塞进嘴里,家父说我

食态像担草入城门。"

问："你自己会烧菜吗？"
答："不会"

问："电视上看过你动手，你不会烧菜？"
答："不，不会烧菜，只会创作。NO, I don't cook. I create.（笑）"

问："请你回答问题正经一点。"
答："我妈妈和我奶奶都是烹饪高手，我在厨房看看罢了。到了外国自己一个人生活，想起她们怎么煮，实习，失败，再实习，就那么学会的。"

问："你自己一个人动手是什么菜？"
答："红烧猪手。当年在日本，猪脚猪手是扔掉的，我向肉贩讨了几只，买一个大锅，把猪手放进去，加酱油和糖，煮个一小时，香喷喷地上桌，家里没有冰柜，刚好是冬天，把吃剩的那锅东西放在窗外，隔天还有肉冻吃。"

问："最容易烧的是什么菜？"
答："龙虾。"

问："龙虾当早餐？"
答："是的。星期天一大早起身，到街市去买一只大龙虾，先把头卸下斩成两瓣，在炉上铺张锡纸，放在上面，撒些盐慢火烤。用剪刀把肉取出，直切几刀再横切薄片，扔进水中，即卷成花朵状，剁碎辣椒，中间芹菜和冬菇，红绿黑地放在中间当花心，倒壶酱油点山葵生吃。壳和头加豆腐、芥菜和两片姜去滚汤，这时你已闻到虾头膏的香味，用茶匙吃虾脑、刺身和汤。如果有瓶好香槟和贝多芬音乐陪伴，就接近完美。"

问："前后要花多少时间？"

答:"快的话半小时,但可以懒懒慢慢地做。做菜是消除寂寞最好的方法。一个人要吃东西的时候,千万别太刻薄自己,做餐好吃的东西享受,生活就充实。"

问:"你已经尝遍天下美食?"
答:"不可以那么狂妄,要吃完全世界的东西,十辈子也不够。"

问:"哪一个都市的花样最多?"
答:"香港。别的地方最多给你吃一个月就都吃遍了。在香港,你需要半年。"

问:"你嘴那么刁,不怕阎罗王拔你的舌头?"
答:"有一次我去吉隆坡,三个八婆请我吃大排档,我为了回忆小时候吃的菜,叫了很多东西,吃不完。八婆骂我:'你来世一定没有东西吃。'我摇头笑笑,说:'你们怎么不这么想想?我的前身,是饿死的。'"

问:"谈到大排档,已经越来越少,东西也越来越不好吃了。"
答:"所以大家在呼吁保护濒临绝种动物时,我大叫不如保护濒临绝种的菜式,这比较实在。"

问:"你什么开始写食经?"
答:"从《壹周刊》的专栏《未能食素》。"

问:"未能食素,你不喜欢素菜?"
答:"未能食素,还是想吃荤东西的意思,代表我欲望很强,达不到彼岸的平静。"

问:"写餐厅批评,要什么条件?"
答:"把自己的感想老实地记录下来就是。公正一点,别被人请客就一定要说好。有一次,我吃完了,甜品碟下有个红包,打开来看,是五千大洋。"

问:"你收了没有?"

答:"我想,要是拿了,下次别家餐厅给我四千九百九,我也会开口大骂的。"

问:"很少读到你骂大排档式的食肆的文章。"

答:"小店里,人家刻苦经营,试过不好吃的话,最多别写。大集团就不同了,哼哼。"

问:"你描写食物时,怎会让人看得流口水?"

答:"很简单,写稿写到天亮,最后一篇才写食经。那时候腹饥如鸣,写什么都觉得好吃。"

蔡澜自问自答2·关于美食

问:"你能不能准确地告诉我,今年多少岁了?"
答:"又不是瞒年龄的老女人,为什么不能?我生于一九四一年八月十八日,属蛇,狮子座,够不够准确?"

问:"血型呢?"
答:"酒喝得多,XO型。哈哈。"

问:"最喜欢喝什么酒?"
答:"年轻时喝威士忌,来了香港跟大家喝白兰地,当年非常流行,现在只喝点啤酒。其实我的酒量已经不大。最喜欢的酒,是和朋友一齐喝的酒,什么酒都没问题。"

问:"红酒呢?"
答:"学问太高深,我不懂,只知道不太酸,容易下喉的就是好酒,喜欢澳洲的有气红酒,没试过的人很看轻它,但的确不错。"

问:"你整天脸红红的,是不是一起身就喝?"
答:"那是形象差的关系。我也不知道为什么整天脸红,现在的人一遇到我就问是不是血压高?从前,这叫红光满面,已经很少人记得有这一回事儿。"

问:"什么是喝酒的快乐,什么是酒品,什么是境界?"
答:"喝到飘飘然,语喃喃,就是快乐事,不追酒、不头晕、不作呕、不扰人、不喧哗、不强人喝酒、不干杯、不猜枚、不卡拉ok、不重复话题,这十不,是酒品。喝到要止即止,是境界。"

问:"你是什么时候成为食家的?"
答:"我对这个家字有点反感,我宁愿叫自己作一个人,写作人,电影人。对于吃,不能叫吃人,勉强叫为好食者吧。我爱尝试新东西,包括食物。我已经吃了几十年了,对于吃应该有点研究,最初和倪匡兄一起在《壹周刊》写关于吃的文章,后来他老人家嫌烦,不干了。我自己那一篇便独立起来,叫《未能食素》,批评香港的餐厅。一写就几年,读者就叫我所谓的食家了。"

问:"为什么取《未能食素》那么怪的一个栏名?"
答:"《未能食素》就是想吃肉。有些人还搞乱了叫成《未能素食》,其实和斋菜一点关系也没有,这题目代表我的欲望还是很重,心还是不清。"

问:"天下美味都给你试过了?"
答:"这问题像人家问我,什么地方你没去过一样。我每次搭飞机时都喜欢看航空公司杂志后页的地图,那么多的城市,那么多的小镇,我再花十辈子,也去不完。"

问:"要什么条件,才能成为食家?"
答:"要成为一个好吃的人,先要有好奇心。什么都试,所以我老婆常说要杀死我很容易,在我尝试过的东西里面下毒好了。要做食评人,先别给人家请客。自己掏腰包。才能保持公正。尽量说真话,这样不容易做到。同情分还是有的,对好朋友开的食肆,多赞几句,无伤大雅,别太离谱就是。"

问:"做食家是不是自己一定要懂得煮?"

答:"你又家家声了。做一个好吃者,食评人,自己会烧菜是一个很重要的条件。我读过很多影评人的文章,根本对电影制作一窍不通,写出来的东西就不够分量。专家的烹调过程看得多了,还学不会,怎么有资格批评别人?"

问:"什么是你一生中吃过的最好的菜?"

答:"和喝酒一样,好朋友一起吃的菜,都是好菜。"

问:"对食物的要求一点也不顶尖?"

答:"和朋友,什么都吃。自己烧的话,可以多下一点功夫。做人千万别刻薄,煮一餐好饭,也可以消除寂寞。我年轻时才不知愁滋味地大叫寂寞,现在我不够时间去寂寞。"

问:"做人的目的,只是吃吃喝喝?"

答:"是。我大半生一直研究人生的意义,答案还是吃吃喝喝。"

问:"就那么简单?那么基本?"

答:"是。简单和基本最美丽,读了很多哲学家和大文豪传记,他们的人生结论也只是吃吃喝喝,我没他们那么伟大,照抄总可以吧。"

蔡澜自问自答3·关于茶

问:"茶或咖啡,选一样,你选茶、咖啡?"
答:"茶。我对饮食,非常忠心,不肯花精神研究咖啡。"

问:"最喜欢什么茶?"
答:"普洱。"

问:"那么多的种类,铁观音、龙井、香片,还有锡兰茶、为什么只选普洱?"
答:"龙井是绿茶,多喝伤胃,铁观音是发酵到一半停止的茶,很香,只能小量欣赏才知味,普洱则是全发酵的,越旧越好,冲得怎样弄都不要紧。我起身就有喝茶的习惯,睡前也喝,别的茶反胃,有些妨碍睡眠,只有普洱没事,我喝得很浓,浓得像墨汁一样,我常自嘲说肚子进的墨汁不够。"

问:"普洱有益吗?"
答:"饮食方面,广东人最聪明,云南产普洱,但整个中国只有广东人爱喝,它的确能消除多余的脂肪,吃得饱胀,一杯下去,舒服无比。"

问:"那你自己为什么还要搞什么暴暴茶?"
答:"这个故事说起来话长,普洱因为是全发酵,有一股霉味,加上玫瑰干蕾就能辟去。我又参考了明人的处方，煎了解酒和消滞的草药喷上去，烘过，再喷，再烘，做出一种茶来克服暴饮暴食的坏习惯，起初是调配来给自己喝，后来成龙常来我的办公室试饮，觉得很好喝，别人也来讨了，烦不胜烦。"

问："你什么时候牌示把它当成商品，又为什么令你有做茶生意的念头？"
答："有一年的书展，书展中老是签名答谢读者没什么新意，我就学古人路边施茶，大量泡暴暴茶是给来看书的人喝，主办当局说人太多，不如卖吧，我说卖的话就违反了施茶的意义，不过卖也好，捐给保良局。那一年两块钱一杯，一卖就筹了八百块，我的头上当的一声亮了灯，就将它变成商品了。"

问："为什么叫为暴暴茶？"
答："暴食暴饮也不怕啊！所以叫暴暴茶。"

问："你不认为暴暴茶这个名字很暴戾吗？"
答："起初用，因为它很响，你说得对，我会改的，也许改为抱抱茶吧。我喜欢抱人。"

问："为什么你现在喝的是立顿茶包？"
答："哈哈，那是我在欧洲生活时养成的习惯，那边除了英国，大家都只喝咖啡，没有好茶，随身带普洱又觉烦，干脆买些茶包，要一杯滚水自己搞掂。在日本工作时他们的茶包也稀得要命，我拿出三个茶包弄浓它，不加糖，当成中国茶来喝，喝久了上瘾，早晚喝普洱，中午喝立顿。"

问："你本身是潮州人，不喝功夫茶吗？"
答："喝。自己没有功夫，别人泡的我就喝，我喝茶喜欢用茶盅。家里有春夏秋冬四个模样的，现在秋天，我用的是布满红叶的盅。"

问:"你喝茶的习惯是什么时候养成的?"
答:"从小,父亲有个好朋友叫统道叔,到他家里一定有上等的铁观音喝,统道叔看我这个小鬼也爱喝苦涩的浓茶,很喜欢我,教我很多关于茶的知识。"

问:"令尊呢,喝不喝茶?"
答:"家父当然也爱喝,还来个洋酸尖,人住南洋,没有什么名泉,就叫我们四个儿女一早到花园去,各人拿了一个小瓷杯,在花朵上弹露水,好不容易才收集几杯拿去冲茶,炉子里面用的还是橄榄核烧成的炭,说这种炭,火力才够猛。"

问:"你喝不喝龙井或香片的?"
答:"喝龙井,好的龙井的确引诱死人。不喝香片,香片北方人才欣赏,那么多花,已经不是茶,所以只叫香片。"

问:"日本茶呢?"
答:"喝。日本茶中有一味叫玉露的,我最爱喝了。玉露不能用太滚的水冲,先把热水放进一个叫Oyusame的盅中冷却一番,再把茶浸个两三分钟来喝,味很香浓,有点像在喝汤。"

问:"台湾茶呢?他们的茶道又如何?"
答:"台湾人那一套太造作,我不喜欢,茶叶又卖得贵得要命,违反了喝茶的精神。"

问:"你喝过的最贵的茶,是什么茶?"
答:"大红袍。认识了些福建茶客,才发现他们真是不惜工本地喝茶。请我的茶叶,在拍卖中叫到了十六万港币,而且只有两百克。"

问:"真的那么好喝吗?"
答:"的确好喝,但是叫我自己买,我是付不出那么高的价钱,我在九龙城的茗香茶庄买的茶,都是中价钱,像普洱,三百块一斤,一斤可以喝一个月,每天花十块钱喝茶,不算过分。"

一直喝太好的茶,就不能随街坐下来喝普通的茶,人生减少许多乐趣。茶是平民的饮品,我是平民,这一点,我一直没有忘记。

蔡澜自问自答4·关于酒

访问这种事，有时报纸和杂志都来找你，忽然，静了下来，几年没一个电话。后面来接受一个，传媒又一窝蜂拥上前，都是同样的问题，我回答了又回答，已失去新鲜感，所以尽量将答案写了下来，让来访问的人做参考，有些答案，从前的小品文中写过，未免重复，请各位忍耐。

"这篇东西，除了你的生日是何时之外，什么都没说到。"前一阵子一位记者到访，我把稿子交给她时，她这么说。

好。有必要多写几篇。最好分主题，你要问关于吃的，拿这一份去，要问穿的，这里有完全的资料。大家方便，所以今后还会继续预计对方所提的问题做出答复，今后你我见面之前，我先将访问的稿件传真给你，避免互相浪费时间。

不知何时开始，我总给人家一个爱喝酒的印象，这是一个部分，我们就谈酒吧。

问："你脸红红的，喝了酒吗？"
答："没有呀。天生就是这一副模样，从前的人，见到我这种人，就恭喜我满面红光，当今，他们劈头一句：你血压高。哈哈哈。"

问："真的没有毛病？"

答:"一位干电影的朋友转了行,卖保险去,要求我替他买一份。看在多年同事的分上。我答应了。人生第一次买,不知道像我这个年纪,要彻底地检查身体才能受保,验出来的结果,血压正常,也没有艾滋病。"

问:"胆固醇呢?"
答:"没过高。连尿酸也验过,好在不必自己口试,都没毛病。"

问:"你最喜欢喝的是哪一种酒?白兰地?威士忌、红酒、白酒?"
答:"爱喝酒的人,有酒精的酒都喜欢,最爱喝的酒,是与朋友和家人一齐喝的酒。"

问:"你整天脸红,是不是醒着的时间都喝?"
答:"给人家冤枉得多,就从早上喝将起来,饮早茶时喝土炮籽蒸,难喝死了,但是虾饺烧卖显得更好吃了。饮茶喝籽蒸最好。"

问:"有些人要到晚上才喝,你有什么看法?"
答:"有一次倪匡兄去新加坡,我妈妈请他吃饭,拿出一瓶白兰地叫他喝,他说他白天不喝酒的,我妈妈说现在巴黎是晚上,你不喝,结果我们大家都喝了。"

问:"大白天喝酒,是不是很堕落?"
答:"能够一大早就喝酒的人,代表他已经是一个可以主宰自己时间的人,是个自由自在的人,是很幸福的。他不必为了要上班,怕上司看到他喝酒而被炒鱿鱼。他也不必担心开会时遭受对方公司的人侧目。这一定是他争取回来的身份,他已付出了努力的代价,现在是收获期,人家是白昼宣淫,这些是白昼宣饮,哈哈哈哈。白天喝酒,是因为他们想喝就喝,不是因为上了酒瘾才喝,怎样会是堕落?替他高兴还来不及呢。"

问:"你会不会醉酒呢?"
答:"那是被酒喝的人才会做的事,我是喝酒的人。"

问:"什么是喝酒的人?"

答:"喝够即止,是喝酒的人。"

问:"什么叫做喝够即止,能做到吗?"

答:"这是意志力的问题。我的意志力很强,做得到喝到微醉,就不再喝了。"

问:"什么叫醉?请下定义。"

答:"是一种轻飘飘的感觉。有点兴奋,但骚扰别人。话说多了,但不抢别人的话题。真情流露,略带豪气。十二万年无此乐。叫作醉。"

问:"醉得有暴力倾向,醉得呕吐呢?"

答:"那不叫醉,叫昏迷。"

问:"你有没有昏迷的经验?"

答:"一次。数十年前我哥哥结婚,摆了二十桌酒,客人来敬,我替大哥挡,结果失去知觉,醒来时,像电影的镜头,有两个脸俯视着我。原来是被抬到新婚夫妇的床上,影响到他们的春宵,真丢脸。从此不再做这种傻事。"

问:"出去第二天醒来,发现身旁睡着个裸女,不知道做了还是没有做,那么该怎么办?"

答:"再确定一次,不就行了吗?哈哈哈"

问:"你的老友倪匡和黄霑都已经不喝酒了,你还照喝那么多吗?"

答:"黄霑是因为有痛风不喝的。倪匡说人生什么事都有配额,他的配额用完了。我还好,还是照喝,喝多了一点倒是真的。我不能接受有配额的说法,我相信能小便就能做那件事,看看对方是什么人罢了。"

问:"现在流行喝红酒,你有什么看法?"

答:"太多人知道红酒的价钱,太少人知道红酒的价值。"

问:"我碰不了酒,很羡慕你们这些会喝酒的人,我要怎样才了解你们的欢乐?"
答:"享受自己醉去。"

问:"什么叫自然醉?"
答:"热爱生命,对什么东西都好奇,拼命问。问得多了,了解了,脑中产生大量的吗啡,兴奋了,手蹈脚舞了,那就是自己醉,不喝酒也行,又达到另一种境界。"

蔡澜自问自答5·关于想做的事

问:"你还有什么想做的事?"
答:"太多了。"

问:"举一个例子?"
答:"以前,作文课要写《我的志愿》,我写了想开间妓院,差点给老师开除。"

问:"你在说笑吧。"
答:"我总是说说笑之后,就做了。像做暴暴茶,开餐厅等。我还说过以后我的日语能力,不拍电影的话,大不了举了一枝小旗,当导游去。"

问:"真的要开妓院?"
答:"唔,地点最好是澳门,租一间大屋,请名厨来烧绝了种的好菜,招聘些懂得琴棋书画的女子作陪,卖艺不卖身。多好!"

问:"早给有钱佬包去了。"
答:"两年合同,担保她们赚两百万港币就不会那么快被挖走。中途退出的话,双倍赔偿。有人要包,乐得他们去包,只当盈利。见得有标青的女子,再立张合约,价钱加倍。"

问:"哈哈,也许行得通。"

答:"绝对行得通。"

问:"还有呢?"
答:"想开间烹调学校。集中外名厨,教导学生。我很明白年轻人不想再读书的痛苦。有兴趣的话,当他们当师傅去。学会包寿司,一个月也有上万到三四万的收入。父母都想让儿女有一技之长,送来这间学校就行。"

问:"还有呢?"
答:"要个网址,供应全世界的旅行资料。当然包括最好吃的餐厅,贵贱由人,不过资料要很详细才行。我看到一些网。上了一次就没有兴趣再看。那就是最蠢不过的事。在我这里,不止找到地址电话,连餐牌都齐全,推荐你点什么菜,叫哪一年份的酒,让上网的人很有自信地走进世界上任何一间著名的餐厅,不会失礼。"

问:"还有呢?"
答:"还有开一个儿童班。教小孩画画、书法,也可以同时向他们学习失去的童真。"

问:"还有呢?"
答:"你怎么老是只问还有呢?"

问:"除了教儿童,你说的都是吃喝玩乐,有什么较有学术性的愿望?"
答:"吃喝玩乐,才最有学术性。我知道你要问什么,较为枯燥的是不是?也有,我在巴塞罗那住了一年,研究建筑家高迪(Gandi)的作品,收集了很多他的资料,想拍一部电脑动画,关于圣家诺教堂,这个教堂再多花一百年功夫,也未必能够完成,我这一生中看不到,只有靠电脑动画来完成它。根据高迪原来的设计图,这座教堂完成时,塔顶有许多探射灯发出五颜六色的光线,照耀全城,塔尖中藏的铜管,能奏出音色特别多的风琴音乐。这时整个巴塞罗那像一座最大的的士高,来了很多嘉宾,用动画把李小龙、玛丽莲·梦露、詹姆斯·迪恩、戴安娜王妃、杨贵妃、李白等人都让他们重新活着,和市民一起狂舞,一定很好看。"

问:"生意呢?有什么生意想做?"
答:"我也在南斯拉夫住过一年多,认识很多高管干部,都很有钱。买了很多钻石给他们的太太,现在打完仗,钻石不能当饭吃,卖了也不可惜。我在日本工作时有一个很信得过的女秘书,嫁了一个钻石鉴定家,和他合作,我们两人一面玩东欧,一面收购了一些钻石,拿回来卖,也能赚几个钱。"

问:"这主意真古怪。"
答:"不一定是古怪才有生意做。有些现有的资料,等你去发掘,像我们可以到国际发明家版权注册局去,翻开档案,里面会有一些发明,当年太先进了,做起来失败,就那么扔开一边,现在看来,也许是最合时宜的,买版权回来制造,赚个满钵也说不定。"

问:"写作呢?还有什么书想写的?"
答:"当然有啦,我那本《追踪十三妹》只写了上下二册,故事还没讲完。我做十三妹的研究做了十年以上,有很多资料。也把自己的经历过的事遇到的人物写在里面。每一个故事都和十三妹有关联。一直写下去。用六十年代到七十年代的香港做背景,记录这十年的文化,包括音乐,著作,吃的是什么东西,玩的是什么东西?"

问:"那么多的兴趣,要等到什么时候才去做?是不是要等到退休?"
答:"我早已退休了,从很年轻开始已经学会退休。我一直觉得时间不够用,只能在某一段时期,做某件事,什么时候开始,什么时候终结,随缘吧。"

问:"最后要做的呢?"
答:"等到我所有的欲望都消失了,像看到好吃的东西也不想吃,好看的女人也不想和她们睡觉时,我就会去雕刻佛像,我好像说过这件事,我在清迈有一块地,可以建筑一间工作室,到时天天刻佛像,刻后涂上五颜六色,佛像的脸,像你、像我,不一定是菩萨观音。"

喜欢吃东西的人，
基本上都有一种好奇心

有个聚会要我去演讲，指定要一篇讲义，主题说吃。我一向没有稿就上台，正感麻烦。后来想想，也好，作一篇，今后再有人邀请就把稿交上，由旁人去念。

女士们、先生们：吃，是一种很个人化的行为。什么东西最好吃？妈妈的菜最好吃。这是肯定的。你从小吃过什么？这个印象就深深地烙在你脑里，永远是最好的，也永远是找不回来的。

老家前面有棵树，好大。长大了再回去看，不是那么高嘛，道理是一样的。当然，目前的食物已是人工培养，也有关系。怎么难吃也好，东方人去外国旅行，西餐一个礼拜吃下来，也想去一间蹩脚的中菜厅吃碗白饭。洋人来到我们这里，每天鲍参翅肚，最后还是发现他们躲在快餐店啃面包。

有时，我们吃的不是食物，是一种习惯，也是一种乡愁。一个人懂不懂得吃，也是天生的。遗传基因决定了他们对吃没有什么兴趣的话，那么一切只是养活他们的饲料。我见过一对夫妇，每天以即食面维生。

喜欢吃东西的人，基本上都有一种好奇心。什么都想试试看，慢慢地就变成一个懂得欣赏食物的人。对食物的喜恶大家都不一样，但是不想吃的东西你试过了没有？好吃，不好吃？试过了之后才有资格判断。没吃过你怎知道不好吃？吃，也是一种学问。这句话太辣，说了，很抽象。爱看书的人，除了《三国演义》、《水浒传》和《红楼梦》，也会接触希腊的神话、拜伦的诗、莎士比亚的戏剧。

我们喜欢吃东西的人，当然也须尝遍亚洲、欧洲和非洲的佳肴。吃的文化，是交朋友最好的武器。你和宁波人谈起蟹糊、黄泥螺、臭冬瓜，他们大为兴奋。你和海外的香港人讲到云吞面，他们一定知道哪一档最好吃。你和台湾人的话题，也离不开蚵仔面线、卤肉饭和贡丸。一提起火腿，西班牙人双手握指，放在嘴边深吻一下，大声叫出：mmmmm。

顺德人最爱谈吃了。你和他们一聊，不管天南地北，都扯到食物上面，说什么他们妈妈做的鱼皮饺天下最好。政府派了一个干部到顺德去，顺德人和他讲吃，他一提政治，顺德人又说鱼皮饺，最后干部也变成了老饕。

全世界的东西都给你尝遍了，哪一种最好吃？笑话。怎么尝得遍？看地图，那么多的小镇，再做三辈子的人也没办法走完。有些菜名，听都没听过。对于这种问题，我多数回答："和女朋友吃的东西最好吃。"

的确，伴侣很重要，心情也影响一切，身体状况更能决定眼前的美食吞不吞得下去。和女朋友吃的最好，绝对不是敷衍。谈到吃，离不开喝。喝，同样是很个人化的。北方人所好的白酒，二锅头、五粮液之类，那股味道，喝了藏在身体中久久不散。他们说什么白兰地、威士忌都比不上，我就最怕了。洋人爱的餐酒我只懂得一点皮毛，反正好与坏，凭自己的感觉，绝对别去扮专家。一扮，迟早露出马脚。成龙就是喜欢拿名牌酒瓶装劣酒骗人。

应该是绍兴酒最好喝,刚刚从绍兴回来,在街边喝到一瓶八块人民币的"太雕",远好过什么八年十年三十年。但是最好最好的还是香港"天香楼"的。好在哪里?好在他们懂得把老的酒和新的酒调配,这种技术内地还学不到,尽管老的绍兴酒他们多得是。 我帮过法国最著名的红酒厂厂主去试"天香楼"的"绍兴",他们喝完惊叹东方也有那么醇的酒,这都是他们从前没喝过之故。

老店能生存下去,一定有它们的道理,西方的一些食材铺子,如果经过了非进去买些东西不可。 像米兰的ILSalumaio的香肠和橄榄油,巴黎的Fanchon面包和鹅肝酱,伦敦的Forthum&Mason果酱和红茶,布鲁塞尔Godiva的朱古力,等等。 鱼子酱还是伊朗的比俄国的好,因为从抓到一条鲟鱼,要在二十分钟之内打开肚子取出鱼子。上盐,太多了过咸,少了会坏,这种技术,也只剩下伊朗的几位老匠人会做。

但也不一定是最贵的食物最好吃,豆芽炒豆卜,还是很高的境界。意大利人也许说是一块薄饼。我在那波里也试过,上面什么材料也没有,只是一点番茄酱和芝士,真是好吃得要命。有些东西,还是从最难吃中变为最好吃的,像日本的所谓什么中华料理的韭菜炒猪肝,当年认为是咽不下去的东西,当今回到东京,常去找来吃。

我喜欢吃,但嘴绝不刁。如果走多几步可以找到更好的,我当然肯花这些工夫。附近有家藐视客人胃口的快餐店,那么我宁愿这一顿不吃,也饿不死我。

你真会吃东西!友人说。不。我不懂得吃,我只会比较。有些餐厅老板逼我赞美他们的食物,我只能说:"我吃过更好的。"但是,我所谓的"更好",真正的老饕看在眼里,笑我旁若无人也。谢谢大家。

担心是身体的毒害，
不如想吃什么就吃什么

最近重看黑泽明导演的《用心棒》和《椿三十郎》，每件小道具都能细嚼欣赏，打斗场面又那么精彩，艺术性和商业性竟然能够如此糅合，实在令人佩服。若对黑泽明的生平想知道更多，在一本叫Saral的双周刊中有一篇讲他的饮食习惯的，值得一读。

黑泽明的食桌，像他的战争场面一样，非常壮观，什么都吃。他自认为不是美食家，是个大食汉。与其人家叫他美食家，他说不如称他为健啖者。

导演《椿三十郎》时，在外景地拍了一张黑白照片，休息时啃饭团。这饭团是他自己做的，把饭捏圆后炸了淋点酱油，加几片萝卜泡菜，是他的典型中餐。

黑泽明是一日四食主义者，过了八十岁，他还说："早餐，是身体的营养；夜宵，是精神上的营养。"

黑泽明有牛油瘾，麦片中也加牛油。其他的有蔬菜汁和咖啡加奶。

黑泽明不喜欢吃蔬菜，说怎么咬都咬不烂，要家人用搅拌机把红萝卜、芹菜、高丽菜打成汁才肯喝。

黑泽明喜欢吃牛肉，是出了名的。传说中，整组工作人员都有牛肉吃，每天的牛肉费用要一百万日元，黑泽明爱吃淌着血的牛肉，而且一天要吃一公斤以上的牛肉。

也不是每天让工作人员吃掉价值一百万日元的肉，不过黑泽明组的确是吃得好。他说过："尽量让大家酒足饭饱，不然怎么有精神拍戏？"

时常在家里请朋友和同事，每次他都亲自下厨。他不动手，但指挥老婆和女儿怎么做，像拍戏一样。

"我做烩牛尾最拿手，烩牛舌也不错，薯仔和红萝卜不切块，整个放进锅煮，加点儿盐就是。我的煮法，单靠一个勇字。"黑泽明说。

亲朋好友回家了，黑泽明一个人看书、绘画、写作，深夜是他学习的时间，肚子饿了，当然要吃东西，所以宵夜是精神的营养那句话由此得来。这时他不吵醒家人，自己进厨房炮制炒饭、炸饭团、茶泡饭等。最爱吃的还是咸肉三明治，用犹太人的咸肉，一片又一片叠起来，加生菜和芝士，厚得像一本字典，夹着多士面吃。再喝酒，一生爱的威士忌，黑白牌，但不是普通的，喝该公司最高级的Royal Household。

作曲家池边晋一郎到他家里，黑泽明问他要喝什么。他回答说喝啤酒好了，黑泽明生气地说："喝什么啤酒？啤酒根本不是酒！"

至于在餐厅吃饭，黑泽明喜欢的一家，是京都的山瑞开了百多年的老店"大市"，用个砂锅烧红了，下山瑞和清酒煮，分量不多，一客要两万两千日元，黑泽每次要吃几锅才过瘾。我也常到这家人去，味道的确好得出奇，介绍了多位友人，都赞美不已。

另一家是在横滨元町的"默林"，刺身非用当天钓到的鱼做不可，烤的一大块牛肉也是绝品，门牌是黑泽写的，他的葬礼那天，老板还亲自送了一尾鱼到灵前拜祭。

1995年，黑泽跌倒，腰椎折断，但照样吃得多。1998年去世，最后那餐吃的是金枪鱼腩、贝柱和海胆刺身、白饭，当然少不了他最喜欢的牛肉佃煮。

对于鸡蛋，还有些趣事。六十年代中，黑泽明还是不太爱吃鸡蛋，但身体检查之后，医生劝他别多吃，他忽然爱吃起来，一天几个，照吃不误。黑泽明说："担心更是身体的毒害；想吃什么，就吃什么，长寿之道也。"

黑泽活到八十八岁，由此证明他说得没错。

一桌家常菜，
体会平凡生活的美好

在我的电视节目中，介绍过不少餐厅，贵的也有，便宜的也有，但都美味。

"你试过那么多，哪一间最好？"女主持问。"最好，"我说，"当然是妈妈烧的。"所以在最后一集的《蔡澜品味》中，我将访问四个家庭，让主妇为我们做几个家常菜，给不入厨的未婚女子做做参考，以这些数据，学习照顾她们的下一代。即使有家政助理，偶尔自己烧一烧，也会得到丈夫的赞许。

首先，我们会去上海友人的家，他妈妈将示范最基本、最传统的上海小菜：烤麸。烤麸看起来容易，其实大有学问。扮相极为重要，第一眼要是看到那些麸是刀切的，一定不及格。烤麸的麸，非手掰不可。

葱烤鲫鱼也是媳妇的考牌菜，由怎么选葱开始教起。如果鲫鱼有春当然更好，但无子时也能做出佳肴。可以热吃，也可以从冰箱拿出来，吃鲫鱼汁冻，甚为美味。

友人的妈妈说有朋自远方来，不可只吃这些小菜，要另外表演红烧元蹄、虾脑豆腐和甜品酒酿丸子，当然乐意。

福建家庭做的，当然有他们的拿手好戏：包薄饼。可不能小看，至少得两三天准备，把蔬菜炒了又炒。各种配料，当中不能缺少的是虎苔，那是一种味道极为鲜美的紫菜。除了做法，还得教吃法。最古老的，是包薄饼时留下一个口，把蔬菜中的汤汁倒入。这一点，鲜为人知。吃完薄饼，在传统上得配白粥。

从白粥接到潮州家庭的糜，和各类配糜的小菜。潮州人认为咸酸菜和韩国人的金渍一样重要，外面买固然方便，但自己动手，又怎么做呢？教大家腌咸酸菜和榄菜。

又买虾毛回来，以盐水煮熟，成为鱼饭。做到兴起，来一道蚝烙，此菜家家制法不同，友人母亲做的是不下蛋的。我要求最爱吃的拜神肉，那是用一大块五花腩切成大条，再用高汤煮熟，待冷后，切成薄片，拿去煎蒜茸。煎得略焦，是无上的美味。友人妈妈更不罢休，最后教我们怎么做猪肠灌糯米。

广东人的家庭，最典型的菜是煲汤了。煲汤也不是把各种材料扔进大锅那么简单，要有程序；如何观察火候，也是秘诀。煲给未来女婿喝，不可马虎。

最家常的有蒸鲩鱼和蒸咸鱼肉饼，等等，最后炒个菜，看市场当天有什么最新鲜的就炒什么，愈方便愈快速为基本，都是在餐厅中吃不到的美味。

"除了妈妈做的菜，还有什么？"女主持又问。"当然，是和朋友一齐吃的。"我回答。

很多人还以为我只会吃，不会煮，那就乘机表演一下。在最后一个环节，我将请那群女主持按照我的家庭菜逐味去做。

天冷，芥兰最肥，买新界种的粗大芥兰切后备用。另一边厢，用带肉的排骨，请肉贩斩件，余水。烧锅至红，下猪油和整粒的大蒜瓣数十颗，把排骨爆香，随即捞起放入锅中，加水便煮。炆二十分钟后下大芥兰和一大汤匙的普宁豆酱，再炆十分钟，一大锅的蒜香炆排骨就能上场。

白灼牛肉。选上等牛肉，片成薄片。一大锅水，待沸，下日本酱油。日本酱油滚后才不会变酸，又下大量南姜茸，可在潮州杂货店买到，南姜茸和牛肉的配搭最佳。汤一滚，就把牛肉扔进去，这时即刻把肉捞起。等汤再滚，下豆芽。第三次滚时，又把刚才灼好的牛肉放进去，即成。

生腌咸蟹，这道菜我母亲最拿手，把膏蟹养数日，待内脏清除，并洗个干净，切块，放在盐水、豉油和鱼露中泡大蒜辣椒半天，即可吃。之前把糖花生条舂碎，撒上，再淋大量白米醋，加芫荽，味道不可抗拒。

猪油渣炒肉丁，加辣椒酱、柱侯酱，如果找到仁稔一齐炒，更妙。咸鱼酱蒸豆腐。番薯叶灼后，淋上猪油。五花腩片，用台湾甜榨菜片加流浮山虾酱和辣椒丝去蒸，不会失败。

苦瓜炒苦瓜，用生切苦瓜和灼得半熟的苦瓜去炒豆豉。开两罐罐头，默林牌的扣肉和油焖笋炒在一起，简单方便。酒煮Kinki（喜知次鱼）鱼，一面煮一面吃，见熟就吃，不逊蒸鱼。瓜仔鸡锅，这是从台湾酒家学到的菜，买一罐腌制的脆瓜，和汆水的鸡块一齐煮，煮得愈久愈出味。

来一道西餐做法，把大蚝子，洋人称为剃刀蚝，用牛油爆香蒜茸，放蚝子进去大锅中，注入半瓶白酒，上锅蒸焗一会儿，离火用力摇匀，撒上西洋芫荽碎，即成。

又做三道汤，分餐前、吃到一半，以及最后喝：第一道简单的用干公鱼仔和大蒜瓣煮个十分钟，下大量空心菜。第二道炖干贝和萝卜。第三道是鱼虾蟹加在一起滚大芥菜和豆腐，加肉片、生姜。

一共十五道家常菜，转眼间完成，可当教材。

最原始的烹调方式，
年轻人的最爱

年轻人对烧烤乐此不疲，夏日冬天都在野外麇集，把各种肉类烧得半生不熟吞进肚，自己的血液又给蚊子昆虫吸掉，乐融融。

人类学会烹调，烧烤是第一课，最为原始。有什么把食物用火烧烤一下那么简单呢？厨艺进化了，我们才发现原来有盐焗、泥煨、炖、焖、煨、烩、扒、（爊）、氽、涮、熬、锅、酱、浸、炖、焖、炸、烹、熘、炒、爆、煎、贴、焗、拔丝、琉璃、腊凉、挂霜、拌、炝和腌那么多花样来，为什么我们还要回到烧烤呢？

西方人的厨艺就简单得多了，就算让他们把份子料理算进去，也不过是烤、焗、煎、炸罢了。他们甚少把蔬菜拿去炒，要到近年来才知什么叫Wok Fried（油炸）。至于蒸，更是再学数百年也赶不上广东佬，所以就非常注重烧烤BBQ（烧烤大全）了。

烧牛扒、猪扒、羊扒我能了解。但他们有个传统，要烧软糖。你可以在《花生》漫画中看到，史诺比和胡士托都爱用树枝插几粒软糖烧烤。软糖这种东西，本来就不好吃，烧起来即焦，缩成一团，味道更是古怪，但这是烧烤派对必备的，也解释了为什么我对烧烤不感兴趣。

食物到了日本，宁愿吃生的，对烧烤，他们叫为"落人烧"。落人就是失败的人，源氏和平家打仗，后者输了，跑进深山躲避，没有烹调用具，只有以最原始的方法烧制，是日本人最初的烧烤。到了中东，有烤肉串和挂炉的各种进一步的烧法。来到中国人手里，就涂上了酱，用枝铁叉了乳猪在炭上烤。后来还发展到明火烤、暗火烤等热辐射方式，更有低温一百度以下烤制食物，称为"烘"，或在二百度以上的高温，叫作"烘烤"。最高境界，莫过于广东人的叉烧，任何吃猪肉的民族吃了都会翘起拇指称好。

到底，烧烤炉上的肉，并不必用到最新鲜柔软的，因为那么烧，也吃不出肉质的好坏。肉多数是腌制过，加甜加蒜和各种酱料，就能把劣质或冰冻已久的肉烧得香喷喷。

举个例子，像韩国人吃的肉，烧烤居多。最初是用一个龟背的铜器，四周有道槽，把腌制过的牛肉就那么在龟背锅一放，不去动它，让烧熟肉的汁流进槽中，用根扁平的汤匙舀起来淋在饭上，送肉来吃。韩国人生活质素提高后，就发明了一个平底的火炉，把上等肉切成一小片一小片往上摆着烧，这么吃虽然比大块牛扒文明，但到底没经腌制，味道反而没有便宜肉好。

日本经济起飞后，就流行起所谓的"炉端烧"，其实就是一种变相的烧烤，比从前的"落人烧"高级得多。"炉端烧"什么都烧，肉、鱼、蔬菜、饭团，用料要多高级有多高级。由一个跪着的大师傅烧后，放在一根大木板匙，送到客人面前。"炉端烧"没什么大道理，只讲究师傅的跪功，年轻的跪不到十五分钟就要换人。

"烧鸟"是另一种形态，日本人称鸡为鸟，其实烧的是鸡。这种平民化的食物烤起来虽说一样，但有好的大师傅，做出的烧鸟就是不同。温度控制得好，肉就软熟，和那些烤得像发泡胶的有天渊之别。

同样是串烧,南洋人的"沙爹"更有文化,主要是肉切得细,又有特别的酱料腌制,烤起来易熟又容易吃进口。肉太大块的话,水平就低了,东南亚之中,做得最好的是马来西亚的,高级起来,还削尖香茅来当签,增加香味。蘸的沙爹酱也大有关系,酱不行,就甭吃了。新疆人的羊肉串与沙爹异曲同工,在肉上撒的孜然粉,吃不惯的人会觉得有一股腋下味,爱好的没有孜然粉不行。

在野外吃烧烤,我最欣赏的是南斯拉夫人做的。他们遇上节日,就宰一头羊,耕作之前堆了一堆稻草,把羊摆在铁架上。铁架的两端安装了风车,随风翻转,稻草的火极细,慢慢烤,烤个一整天。当太阳下山,农夫工作完毕就把羊抬回家,将羊斩成一块块,一手抓羊肉,一手抓整个洋葱,沾了盐,就那么啃起来,天下美味也。

总之,要原汁原味的话,不能切块,应该整只动物烧。广东人的烧大猪最精彩,先在地上挖个深洞,洞壁铺满砖头,放火把砖烧红,才把猪吊进洞内烧,热量不是由下而上,而是全面包围,这一来,皮才脆,肉才香。

原只烧烤,还有烤乳牛和烤骆驼。在中东吃过,发觉后者没有什么特别的香味,骆驼肉真不好吃,还是新疆人烤全羊最为精彩。

羊烤得好的话,皮也脆,可以就那么撕下来送酒,有人喜欢吃黏着排骨的肉,说是最柔软;有人爱把羊腿切下,用手抓着大嚼,那种吃法,豪爽多过美味。

我则一向伸手进羊身,在腰部抓出羊腰和旁边的那团肥肉来吃,最香最好吃了。古人所谓的刮了民脂民膏,就是这个部分吧?这次去澳大利亚也照样吃了,年纪一大,消化没年轻时强,吃坏了胃,午睡时做个梦,梦见自己变成一个贪官,被阎罗王抓去拔舌。

有了它，
任何食物都变成了佳肴

在餐厅吃东西时，女侍者为我在小碟中倒酱油，我一定会向她说："多倒一点儿，我吃得又咸又湿。"对方一定笑了。

的确，我吃得很咸，嫌一般菜不够味，必点酱油不可。我的"无酱不欢"指的酱，不是花生酱或XO酱，而是原原始始的酱油的酱，非常咸。其中也包括了同样是提供了咸味的鱼露，北方人则叫为虾油。

为了证明我的确爱上酱油，你可以到我厨房看看，一打开柜子，其中至少有数十瓶不同的酱油和鱼露，令人叹为观止。书架上，还有数本《如何制造酱油》的书，有朝一日，移民到充满阳光和橙的加州，就自己做起酱油来。

我一向认为做什么菜用什么酱油，不能苟且。海外开中国餐厅，广东菜用广东酱油，北方菜用北方酱油，一定经由厨子的故乡运到，一用不同的，马上变成不像样了。而且，酱油并非贵货，老远运来也不花几个钱，这也能代表做菜的认真，不可缺少。

我家的酱油，最常用的是新加坡产的"大华"酱油，当地人叫"生抽"为"酱青"，"老抽"为"豆油"，我在新加坡出生，做起家乡菜，我得用那边的酱油了。

另一种爱用的是日本酱油，我在那里生活了八年，多少受影响。从"万"字牌最普通的酱油用起，到点鱼生吃的"溜"酱油，至少有数十瓶。"溜（Tamari）"是壶底酱油的意思，味道带点点甜，用来点鱼生。而我做中国菜有时也用日本酱油，主要是日本酱油经过火煮，也不变酸，做红烧肉最为适合。

来了香港，当然蘸香港酱油了，"九龙酱园"的产品，我经常有五六瓶备用。广东人才分"生抽"和"老抽"的，其他地方人根本听不懂，只知一种是浓一种是淡，讲起第一次由豆浆中挤出来的"头抽"，他们听了更摸不着头脑。

当然有很多其他牌子，但是"九龙酱园"是可以代表香港的，它的老抽非常之香浓，而且带有甜味，比日本人的"溜"好得多。至于生抽，也很有水平。

香港的食材，有九成以上靠内地运来，酱油也不例外。来到香港，第一次接触到的内地酱油，就是"草菇酱油"了，它是属于又黑又浓的老抽品种，有没有加草菇可吃不出。带甜，糖是一定下了，我也爱用至今。

我吃的酱油并不一定是一味死咸。带甜的，不管是天然由豆中产生，或者加糖，我都不介意，全喜欢。

"甜"这个字，广东人有时作"甘"，这个甘并非一味指甜，像吃苦瓜时吃出的美味，也叫"甘"。名副其实地甘的酱油，我也爱吃。台湾"民生食品工厂"制造的"壶底"酱油，是我餐桌上必备的其中一种，它下了甘草，所以有甘味，一瓶小小的，像Tabasco（一种辣酱油）那么大，卖得相当贵。有次我自己用甘草和普通生抽来炮制，也有同一效果，不过酱油能吃多少呢？贵就贵吧，到台湾旅行时就入货，没有断过。最近这公司又出产了一种叫"炭道"的系列,说是用青仁黑豆,经长时间储荫,以特殊酿造方法,取壶底油浓缩之纯正壶底油精云云。说了老半天,还是在酱油中加了甘草和糖罢了。

餐桌上另一小瓶,是越南的鱼露,双鱼牌(Hanh Phuc),有六十巴仙的浓厚,倒出来黏黏的,像糖浆,味道十分强烈,不是一般人受得了的。如果你嫌太腥,那么买泰国的鱼露好了,我也时常用,要认明是"蓝象(BlueElephant)"牌才好。

香港的鱼露厂已快绝灭了吧?从前有好几种水平都很高,当今找不到了,仅存的有"厨师牌"鱼露,由李成兴鱼露罐头厂制造,味道属于泰国式的淡,不是越南式的浓。至于内地潮汕出产的鱼露,担心质量控制得不佳,就没随便去乱买了。

做东南亚菜时,当然用当地酱油,像印度尼西亚炒面,就得去买他们的ABC牌子,叫为Kecap Manis,是种甜酱油。印度尼西亚人最初不会分辨甜酱油和西红柿酱,所以名字上用了茄酱的同音字。印度尼西亚炒面少了它,就没有印度尼西亚味,不好吃了。因为它又甜又浓,价钱又便宜,许多卖海南鸡饭的铺子,都用印度尼西亚酱油来代替新加坡酱油。

其实鸡饭酱油是海南人做得最正宗,他们有秘方,不公布。我的海南酱油是新加坡"逸群鸡饭"的老板送的。我们互相欣赏,因为我喜欢,他就给了我一个油桶那么多的酱油,吃到现在还用不完,真谢谢他。

酱油实在是一个非常有文化的国家的产品,非原始的盐可比。任何难吃的东西,有一点上等的酱油,都变成佳肴。但是,遇到巧手的主妇,根本不用点酱油,像妈妈这一类的人物做的,咸淡适中,酱油都失去了作用,不过当今能尝到不点酱油的菜,少之又少,所以,厨房中还摆着那么多瓶的酱油。

天天能吃到面，
也是一种幸福

我已经不记得是什么时候，成为一个面痴。只知从小妈妈叫我吃白饭，我总推三推四；遇到面，我抢，怕给哥哥姐姐们先扫光。"一年三百六十五日，天天给你吃面好不好？"妈妈笑着问。我很严肃地大力点头。

第一次出国，到了吉隆坡，联邦酒店对面的空地是的士站，专坐长程车到金马仑高原，三四个不认识的人可共乘一辆。到了深夜，我看一摊小贩，店名叫"流口水"，服务的士司机。肚子饿了，吃那么一碟，美味之极，从此中面毒更深。

那是一种叫福建炒面的，只在吉隆坡才有，我长大后去福建，也没吃过同样味道的东西。首先，是面条，和一般的黄色油面不同，它比日本乌冬还要粗，切成四方形的长条。下大量的猪油，一面炒一面撒大地鱼粉末和猪油渣，其香味可想而知，带甜，是淋了浓稠的黑酱油，像海南鸡饭的那种。配料只有几小块的鱿鱼和肉片，炒至七成熟，撒一把椰菜豆芽和猪油渣进去，上锅盖，让料汁炆进面内，打开锅盖，再翻兜几下，一碟黑漆漆、乌油油的福建炒面大功告成。

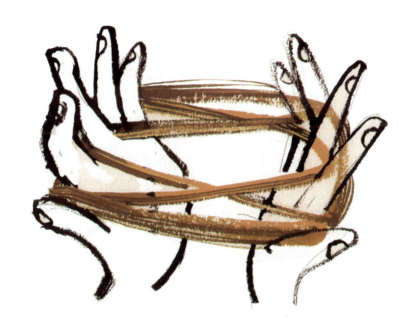

有了吉隆坡女友之后,去完再去,福建炒面吃完再吃,有一档开在银行后面,有一档在卫星市PJ(吉隆坡最早的卫星市八打灵再也),还有最著名的茨厂街"金莲记"。

最初接触到的云吞面我也喜欢,记得是"大世界游乐场"中由广州来的小贩档,档主伙计都是一人包办。连工厂也包办。一早用竹升打面,下午用猪骨和大地鱼滚好汤,晚上卖面。宣传部也由他负责,把竹片敲得笃笃作响。

汤和面都很正宗,只是叉烧不同。猪肉完全用瘦的,涂上麦芽糖,烧得只有红色,没有焦黑,因为不带肥,所以烧不出又红又黑的效果来。从此一脉相传,南洋的叉烧面用的叉烧,都又枯又瘦。有些小贩手艺也学得不精,难吃得要命,但这种难吃的味道已成为乡愁,会专找来吃。

南洋的云吞面已自成一格,我爱吃的是干捞,在空碟上下了黑醋、酱油、西红柿酱、辣酱。面渌好,摔干水分,混在酱料中,上面铺几条南洋天气下长得不肥又不美的菜心,再有几片雪白带红的叉烧。另外奉送一小碗汤，汤中有几粒云吞，包得很小，皮多馅少。致命的引诱，是下了大量的猪油渣，和那碟小酱油中的糖醋绿辣椒，有这两样东西，什么料也可以不加，就能连吃三碟，因为面的份量到底不多。

二十世纪六十年代到了日本，他们的经济尚未起飞，民生相当贫困。新宿西口的车站是用木头搭的，走出来，在桥下还有流莺，她们吃的宵夜，就是小贩档的拉面。凑上去试一碗，那是什么面？硬绷绷的面条，那碗汤一点肉味也没有，全是酱油和水勾出来的，当然下很多的味精，但价钱便宜，是最佳选择。

当今大家吃的日本拉面，是数十年后经过精益求精的结果，才有什么猪骨汤、面豉汤底的出现，要是现在各位吃了最初的日本拉面，一定会吐出来。

方便面也是那个年代才发明的，但可以说和当今的产品同样美味，才会吃上瘾，或者说是被迫吃上瘾吧！那是当年最便宜最方便的食物，家里是一箱箱地买，一箱二十四包，年轻胃口大，一个月要吃五六箱。什么？全吃方便面？一点也不错，薪水一发，就请客去，来访的友人都不知日本物价的贵，一餐往往要吃掉我的十分之八九的收入，剩下的，就是交通费和方便面了。

最原始的方便面，除了那包味精粉，还有用透明塑料纸包着两片竹笋干，比当今什么料都不加的豪华，记得也不必煮，泡滚水就行。医生劝告味精吃得太多对身体有害，也有三姑六婆传说方便面外有一层蜡，吃多了会积一团在肚子里面。完全是胡说八道，方便面是恩物，我吃了几十年，还是好好活着。

到韩国旅行，他们的面用杂粮制出，又硬又韧。人生第一次吃到一大汤碗的冷面，上面还浮着几块冰，侍者用剪刀剪断，才吞得进去。但这种面也能吃上瘾，尤其是干捞，混了又辣又香又甜的酱料进去，百食不厌，至今还很喜欢，也制成了方便面，常买来吃。至于那种叫"辛"的即食汤面，我就远离，虽然能吃辣，但就不能喝辣汤，一喝喉咙就红肿，拼命咳起嗽来。

当今韩国作为国食的炸酱面，那是山东移民的专长，即叫即拉。走进餐馆，一叫面就会听到砰砰的拉面声，什么料也没有，只有一团黑漆漆的

酱，加上几片洋葱，吃呀吃呀，变成韩国人最喜欢的东西，一出国，最想吃的就是这碗炸酱面，和香港人怀念云吞面一样。

说起来又记起一段小插曲，我们一群朋友，有一个画家，小学时摔断了一只胳臂，他是一个孤儿，爱上另一个华侨的女儿，我们替他去向女友的父亲做媒，那家伙说我女儿要嫁的是一个会拉面的人，我们大怒，说你明明知道我们这个朋友是独臂的，还能拉什么面？说要打人，那个父亲逃之夭夭。

去到欧洲，才知道意大利人是那么爱吃面的，但不叫面，叫粉。你是什么人，就吃什么东西；意大利人虽然吃面，但跟我们的完全不同，他们一开始就把面和米煮得半生不熟，就说那是最有"齿感"或"咬头"的，我一点也不赞成。唯一能接受的是"天使的头发"

（Capflli D'anQelo），它和云吞面异曲同工。后来，在意大利住久了，也能欣赏他们的粗面，所谓的意粉。

意粉要做得好吃不易，通常照纸上印的说明，再加一二分钟就能完美。意大利有一种地中海虾，头冷冻得变成黑色，肉有点发霉。但别小看这种虾，用几尾来拌意粉，是天下美味。其他的虾不行。用香港虾，即使活生生的，也没那种地中海海水味。谈起来抽象，但试过的人就知道我说些什么了。

也有撒上乌鱼子的意粉，撒上芝士粉的意粉，永远和面本身不融合在一起，芝士是芝士，粉是粉，但有种烹调法，是把像厨师砧板那么大的一块芝士，挖深了，成为一个鼎，把面渌熟后放进去捞拌，才是最好吃的意大利面。

到了前南斯拉夫，找不到面食。后来住久了，才知道有种鸡丝面，和牙签般细，也像牙签那么长，很容易煮熟。滚了汤，撒一把放进去，即成。因为没有云吞面吃，就当它是了，汤很少，面多，慰藉乡愁。

去了印度，找小时爱吃的印度炒面，它下很多西红柿酱和酱油去炒，配料只有些椰菜、煮熟了的番薯块、豆卜和一丁点的羊肉，炒得面条完全断掉，是我喜欢的。但没有找到，原来我吃的那种印度炒面，是移民到南洋的印度人发明的。

在台湾生活的那几年，面吃得最多，当年还有福建遗风，炒的福建面很地道，用的当然是黄色的油面，下很多料，计有猪肉片、鱿鱼、生蚝和鸡蛋。炒得半熟，下一大碗汤下去，上盖，炆熟为止，实在美味，吃得不亦乐乎。

本土人做的叫切仔面，所谓切，是渌的意思。切，也可以真切，把猪肺、猪肝、烟熏黑鱼等切片，乱切一通，也叫"黑白切"，撒上姜丝，淋

着浓稠的酱油膏当料，非常丰富，是我百吃不厌的。

他们做得最好的当然是"度小月"一派的担仔面，把面渌熟，再一小茶匙一小茶匙地把肉末酱浇上去，至今还保留这个传统，面担一定摆着一缸肉酱，吃时来一粒贡丸或半个卤鸡蛋，面上也加了些芽菜和韭菜，最重要的是酥炸的红葱头，香港人叫干葱的，有此物，才香。

回到香港定居，也吃上海人做的面，不下鸡蛋，也没有碱水，不香，不弹牙。此种面我认为没味道，只是代替米饭来填肚而已，但上海友人绝不赞同，骂我不懂得欣赏，我当然不在乎。

上海面最好吃的是粗炒，浓油赤酱地炒将起来，下了大量的椰菜，肉很少，但我很喜欢吃，至于他们的煨面，煮得软绵绵，我没什么兴趣。焦头，等于一小碟菜。来一大碗什么味道都没有的汤面，上面淋上菜肴，即成。我也不觉得有什么特别之处。最爱的是葱油拌面，把京葱切段，用油爆焦，就此拌面，什么料都不加，非常好吃。可惜当今到沪菜馆，一叫这种面，问说是不是下猪油，对方都摇头。葱油拌面，不用猪油，不如吃发泡胶。也有变通办法，那就是另叫一客红烧蹄膀，捞起猪油，用来拌面。

香港什么面都有，但泰国的干捞面叫Ba-Mi Hang，就少见了，我再三提倡这种街边小吃，当今在九龙城也有几家人肯做，用猪油，灼好猪肉碎、猪肝和猪肉丸，撒炸干葱和大蒜茸，下大量猪油渣，其他还有数不清的配料，面条反而是一小撮而已，也是我的至爱。

想吃面想得发疯时，可以自己做，每天早餐都吃不同的面，家务助理被我训练得都可以回老家开面店。星期一做云吞面，星期二做客家人的茶油拌面，星期三做牛肉面，星期四炸酱面，星期五做打卤面，星期六做南洋虾面，星期天做蔡家炒面。

蔡家炒面承受福建炒面的传统，用的是油面，先用猪油爆香大蒜，放面条进锅，乱炸一通，看到面太干，就下上汤煨之，再炒，看干了，打两三个鸡蛋，和面混在一块，这时下腊肠片、鱼饼和虾，再炒，等料熟，下浓稠的黑酱油及鱼露吊味，这时可放豆芽和韭菜，再乱炒，上锅盖，焖它一焖，熄火，即成。

做梦也在吃面。饱得再也撑不进肚，中国人说饱，拍拍肚子；日本人说饱，用手放在颈项；西班牙人吃饱，是双手指着耳朵示意已经饱得从双耳流出来。我做的梦，多数是流出面条来。

有面的陪伴，
寡淡的日子也变得温暖

南方人很少像我那么爱吃面吧？三百六十五日，天天食之，也不厌，名副其实的一个面痴。

面分多种，喜欢的程度有别，从顺序算来，我认为第一是广东又细又爽的云吞面条，第二是福建油面，第三是兰州拉面，第四是上海面，第五日本拉面，第六意大利面，第七韩国番薯面。而日本人最爱的荞麦面，我最讨厌。

一下子不能聊那么多种，集中精神谈吃法，最大的分为汤面和干面。两种来选，我还是喜欢后者。一向认为面条一浸在汤中，就逊色得多；干捞来吃，下点猪油和酱油，最原汁原味了。面渌熟了捞起来，加配料和不同的酱汁，搅匀之，就是拌面了，捞面和拌面，皆为我最喜欢的吃法。

广东的捞面，从什么配料也没有，只有几条最基本的姜丝和葱丝，称为姜葱捞面，我最常吃。接下来豪华一点，有点叉烧片或叉烧丝，也喜欢。捞面变化诸多，柱侯酱的牛腩捞面、甜面酱和猪肉的京都炸酱面为代表，其他有猪手捞面、鱼蛋牛丸捞面、牛百叶捞面，等等，数之不清。

有些人吃捞面的时候,吩咐说要粗面,我反过来要叮咛,给我一碟细面。广东人做的细面是用面粉和鸡蛋搓捏,又加点碱水,制面者以一杆粗竹,在面团上压了又压,才够弹性,用的是阴力,和机器打出来的不同。

碱水有股味道,讨厌的人说成是尿味,但像我这种喜欢的,面不加碱水就觉得不好吃,所以爱吃广东云吞面的人,多数也会接受日本拉面的,两者都下了碱水。

北方人的凉面和拌面,基本上像捞面。虽然他们的面条不加碱水,缺乏弹性,又不加鸡蛋,本身无味,但经酱汁和配料调和,味道也不错。最普通的是麻酱凉面,面条渌熟后垫底,上面铺黄瓜丝、红萝卜丝、豆芽,再淋芝麻酱、酱油、醋、糖及麻油,最后还要撒上芝麻当点缀。把配料和面条拌了起来，夏天吃，的确美味。

日本人把这道凉面学了过去，面条用他们的拉面，配料略同，添多点西洋火腿丝和鸡蛋，加大量的醋和糖，酸味和甜味很重，吃时还要加黄色芥末调拌，我也喜欢。

初尝北方炸酱面，即刻爱上。当年是在韩国吃的，那里的华侨开的餐厅都卖炸酱面，叫了一碗就从厨房传来砰砰的面声，拉长泺后在面上下点洋葱和青瓜，以及大量的山东面酱，就此而已。当今物资丰富，其他地方的炸酱面加了海参角和肉碎肉臊等，但都没有那种原始炸酱面好吃，此面也分热的和冷的，基本上是没汤的拌面。

四川的担担面我也中意，我在南洋长大，吃辣没问题，担担面应该是辣的，传到其他各地像把它阉了，缺少了强烈的辣，只下大量的花生酱，就没那么好吃。每一家人做的都不同，有汤的和没汤的，我认为干捞拌面的担担面才是正宗，不知说得对不对。

意大利的所谓意粉，那个粉字应该是面才对。他们的拌面煮得半生不熟，要有咬头才算合格。到了意大利当然学他们那么吃，可是在外地做就别那么虐待自己，面条煮到你认为喜欢的软熟度便可。天使面最像广东细面，酱汁较易入味。

最好的是用一块大庞马山芝士，像餐厅厨房中的那块又圆又大又厚的砧板，中间的芝士被刨去作其他用途，凹了进去，把面泺好，放进芝士中，乱捞乱拌，弄出来的面非常好吃。

至于韩国的冷面，分两种，一是浸在汤水之中，加冰块的番薯面，上面也铺了几片牛肉和青瓜，没什么味道，只有韩国人特别喜爱，他们还说朝鲜的冷面比韩国的更好吃。我喜欢的是他们的捞面，用辣椒酱来拌，也下很多花生酱，香香辣辣，刺激得很，吃过才知好，会上瘾的。

南洋人喜欢的，是黄颜色的粗油面，也有和香港云吞面一样的细面，但味道不同，自成一格。马来西亚人做的捞面下黑漆漆的酱油，本身非常美味，但近年来模仿香港面条，愈学愈糟糕，样子和味道都不像，反而难吃。

我不但喜欢吃面，连关于面食的书也买，一本不漏，最近购入一本程安琪写的《凉面与拌面》，内容分中式风味、日式风味、韩式风味、意式风味和南洋风味。最后一部分，把南洋人做的凉拌海鲜面、椰汁咖喱鸡拌面、酸辣拌面、牛肉拌粿条等也写了进去，实在可笑。

天气热，各地都推出凉面，作者以为南洋人也吃，岂不知南洋虽热，但所有小吃都是热的，除了红豆冰之外，冷的东西是不去碰的。而天冷的地方，像韩国，冷面也是冬天吃的，坐在热烘烘的炕上，全身滚热，来一碗凉面，吞进胃，听到嗞的一声，好不舒服。但像我这种面痴，只要有面吃就行，哪管在冬天夏天呢。

美好的一天，
从一碗米粉开始

除了面，我最爱的就是米粉了。米粉基本上用米浆制作，有种种的形态，不可混淆。很粗的叫米线，也有掺了粟粉的越南米线，称之为檬，有点儿像香港人做的濑粉。更细的是台湾米粉，比大陆米粉还要幼细；只有它三分之一粗的，是台湾的新竹县产的米粉。而天下最细的是掺了面粉的面线，比头发粗了一点儿罢了。我们要谈的，集中于大陆米粉和台湾米粉。

米粉制作过程相当繁复，古法是先把优质米洗净后泡数小时，待米粒膨胀并软化，便能放入石磨中用手磨出米浆来。装入布袋，把米浆中的水分压干，就可以拿去蒸了。

只蒸五成熟，取出扭捏成米团，压扁，拉条。只有最熟手的工人可以拉出最幼细的米条，即入开水中煮，再过冷河，以免粉条沾黏。最后晒干之前，拆成一撮撮，用筷子夹起，对折平铺在竹筛上，日晒而成。

要做出好的米粉不易，完全靠厂家的经验和信用，产品幼细，在煮熟后也不折断。进口有咬头，太硬或太软都是次货，而颜色带点微黄，要是全为洁洁白白的米粉，那么一定是经过漂白，不知下了什么化学物质，千万别碰。

多年前,还能在"裕华百货"的地下食品部买到新鲜运来的东莞米粉,拿来煮汤,最为好吃。当今的已多是干货了。菜市场中的面档,也能买到本地制作的新鲜粗米粉,大多数是供应给越南或泰国餐馆做檬的。

到了高级一点的杂货店,像九龙城的"新三阳",就能买到各种干米粉。最多人光顾的是"孔雀牌"东莞米粉和"双雀牌"江门排粉,都属于较粗的大陆米粉,茶餐厅所煮的汤米,都用这两只牌子的货,它们易断,味道不是太坏,也并不给惊为天人的感觉。

质地较韧的有"天鹅牌",它煮熟后不必过冷河,即可进食,米质也较佳,为泰国制造,"超力"总代理。"超力"自己也生产米粉,若嫌麻烦,要吃即食包装的银丝米粉,最有信用。

众多的米粉之中,我最爱吃的是台湾米粉,也有多种选择。大集团"新东阳"生产的,还有"虎牌"的新竹米粉等,因为台湾米粉价贵,当今大陆在福建也大量生产新竹米粉,只卖五分之一的价钱。

长年的选择和试食之下,发现新竹米粉之中,最好吃的是"双龙牌",由新华米粉厂制作。

新竹米粉不必煮太久,和方便面的时间差不多就能进食,也不必过冷河。家里有剩菜剩汤,翌日加热水,把新竹米粉放进去滚一滚,就是一样很好的早餐。

米粉和肥猪肉的配合极佳,它能吸收油质。买一罐默林牌的红烧扣肉罐头,煮成汤,下米粉,亦简易。下一点功夫,炆只猪脚煮米粉,是台湾人生日必吃的,我也依足这个传统,在那一天煮碗猪脚米粉,为自己庆祝一下。

说到炒,台湾人的炒米粉可说天下第一了,做法说简单也简单,说难亦难，台湾人娶媳妇，首先叫她炒个米粉判手艺，好坏有天渊之别。配料丰俭由人，最平凡的只是加些豆芽，台湾叫的高丽菜，香港人的椰菜，就可以炒出素米粉来。豪华的可要用虾米、猪肉、黑木耳、鸡蛋、葱和冬菇等，也不是太贵的食材，切丝后备用。

炒时下猪油，爆香蒜茸。米粉先浸它十分钟，捞起下锅。左手抓镬铲，右手抓筷子，迅速地一面翻炒一面搅，才不致于黏底变焦。太干时，即刻煨浸了虾米的水，当成上汤，炒至半熟，把米粉拨开，留出中间的空位，再下猪油和蒜，爆香上述配料。这时全部混在一起炒，最后下酱油调味，大功告成。

一碟好的炒米粉，吃过毕生难忘。

下些味精，无可厚非，但如果你对它敏感，就可炒南瓜米粉。南瓜带甜，先切成幼丝，炒至半糊，再下米粉混拌。要豪华，加点新鲜蛤蜊肉。台湾南部的人炒南瓜米线，最为拿手。

香港茶餐厅中也有炒米粉这一道菜，但没多少家做得好，九龙城街市三楼熟食档中的"乐园"，炒的米粉材料中有午餐肉、鸡蛋、菜心和肉丝及雪里红，非常精彩，我自己不做早餐时就去点来吃。

我们熟悉的星洲炒米，只是下了一些咖喱粉，就冒称南洋食品，其实它已成为香港菜了，有独特的风格。

在星马吃到的炒米粉，多数是海南人师傅传下的手艺。先下油，把泡开的米粉煎至半焦，再炒鱿鱼、肉片、虾和豆芽，下点粉把菜汁煮浓，再淋在米粉上面，上桌时等芡汁浸湿了米粉再吃。记忆中，他们用的米粉也很细，不是大陆货，当年又不从新竹进口，南洋应有一些很好的米粉厂供应。

如果你也爱吃米粉，那么试试自己做吧。煮也好炒也好，失败几次就成为高手。也不一定依足传统，可按照煮面或意大利粉的方法去尝试。米粉只是一种最普遍的食材，能不能成为佳肴，全靠你自己的要求。

一个人的美食，
是另一个人的毒药

"逐臭之夫"字典上说："犹言不学好下向之徒"。这与我们要讲的无关，接着解"喻嗜好怪癖异于常人"，就是此篇文章的主旨。你认为是臭的，我觉得很香。外国人亦言"一个人的美食，是另一个人的毒药"，实在是适者珍之。

最明显的例子就是榴莲了，强烈的爱好或特别的憎恶，并没有中间路线可走。我们闻到榴莲时喜欢得要命，但报纸上有一段港闻，说有六名意大利人，去到旺角花园街，见有群众围着，争先恐后地挤上前，东西没看到，只嗅到一阵毒气，结果六人之中，有五个被榴莲的味道熏得晕倒，此事千真万确，可以寻查。

和穷困有关，中国的发霉食物特别多，内地有些省份，家中人人有个臭缸，什么吃不完的东西都摆进去，发霉后，生出碧绿色的菌毛，长相恐怖，成为美食。

臭豆腐已是我们的国宝，黄的赤的都不吓人，有些还是漆黑的呢。上面长满像会蠕动的绿苔，发出令人忍受不了的异味，但一经油炸，又是香的了。一般人还嫌炸完味道跑掉，不如蒸的香。杭州有道菜，用的是苋菜的梗，普通苋菜很细，真想不到那种茎会长得像手指般粗，用盐水将

它腌得腐烂,皮还是那么硬,但里面的纤维已化为浓浆,吸噬起来,一股臭气攻鼻。用来和臭豆腐一齐蒸,就是名菜"臭味相投"了。

未到北京之前,被老舍先生的著作影响,对豆汁有强烈的憧憬,找到牛街,终于在回民店里喝到。最初只觉一口馊水,后来才吃出香味,怪不得当年有一家名店,叫为"馊半街"。不知者以为豆汁就是大豆磨出来,像豆浆,坏不到哪里去。其实只是绿豆粉加了水,沉淀在缸底的淀粉出现灰色,像海绵的浆,取之发酵后做成的,当然馊。什么叫馊?餐厅里吃剩的汤羹，倒入石油铁桶中，拿去喂猪的那股味道，就是馊了。

南洋有种豆，很臭，干脆就叫臭豆，用马来盏来炒，尚可口。另有一种草有异味，也干脆叫臭草，可以拿来煮绿豆汤，引经据典，原来臭草，又名芸香。

这些臭草臭豆，都比不上"折耳根"，有次在四川成都吃过，不但臭，而且腥，怪不得又叫"鱼腥草"，但一吃上瘾，从此见到此菜，非点不可。食物就是这样的，一定要大胆尝试，吃过之后，发现又有另一个宝藏待你去发掘。

芝士就是这个道理，愈爱吃愈追求更臭的，牛奶芝士已经不够看，进一步去吃羊芝士，有的臭得要浸在水中才能搬运，有的要霉得生出虫来。

洋食物的臭，不遑多让，他们的生火腿就有一股死尸味道，与金华的香气差得远，那是腌制失败形成，但有些人却是要吃这种失败味。其实他们的腌小鱼（Anchovy）和我们的咸鱼一样臭，只是自己不觉，还把它们放进沙律中搅拌，才有一点味道，不然只吃生菜，太寡了。

日本琵琶湖产的淡水鱼，都用发酵的味噌和酒曲来腌制，叫为"Nuka Tsuke"，也是臭得要死。初试的外国人都掩鼻而逃，我到现在也还没有接受那种气味，但腐烂的大豆做的"纳豆"，倒是很喜欢。

伊豆诸岛独特的小鱼子，用"室够（Muro Aji）"晒成，是著名的"臭屋（Kusaya）"。闻起来腥腥的，不算什么，但一经烧烤，满室臭味，日本人觉得香，我们受不了。

虾酱、虾膏，都有腐烂味，用来蒸五花腩片和榨菜片，不知有多香！南洋还有一种叫"虾头膏"的，是槟城的特产。整罐黑漆漆，如牛皮胶一般浓，小食"啰惹"或"槟城叻沙"，少了它，就做不成了。

"你吃过那么多臭东西，有哪一样是最臭的？"常有友人问我。答案是肯定的，那是韩国人的腌魔鬼鱼，叫为"虹"，生产于祈安村地方，最为名贵，一条像沙发咕坐垫一样大的，要卖到七八千港币，而且只有母的才贵，公的便宜，所以野生的一抓到后，即刻斩去生殖器，令它变雌。

传说有些贵族被皇帝放逐到小岛上，不准他们吃肉，每天三餐只是白饭和泡菜，后来他们想出一个办法，抓了虹鱼，埋进木灰里面等它发酵，吃起来就有肉味。后来变成珍品，还拿回皇帝处去进贡呢。腌好的虹鱼上桌，夹着五花腩和老泡菜吃，一塞入口，即刻有阵强烈的阿摩尼亚味，像一万年不洗的厕所，不过像韩国人说，吃了几次就上瘾。

天下最臭的，虹鱼还是老二，根据调查，第一应该是瑞典人做的鱼罐头，叫为Surstrommlng。用鲱鱼做原料，生劏后让它发霉，然后入罐。通常罐头要经过高温杀菌，但此罐免了，在铁罐里再次发酵，产生强烈的气味，瑞典人以此夹面包或煮椰菜吃。

罐头上的字句警告，开罐时要严守四点：一、开罐前放进冰箱，让气体下降。二、在家中绝对不能打开，要在室外进行。三、开罐前身上得着围裙。四、确定风向，不然吹了下去，不习惯此味的人会被熏昏。

有一个家伙不听劝告，在厨房一打开，罐中液体四溅，味道有如十队篮球员一齐除下数月不洗的鞋子，整个家，变成名副其实的"臭屋"。

在随性中享受海鲜的精致与美味

倪匡兄嫂，在三月底返港，至今也有一个多月了。我自己事忙，只能和他们吃过几次饭。以为这次定居，再也没有老友和他夜夜笙歌，哪知宴会还是来个不停。

"吃些什么？"我问，"鱼？""是呀，不是东星斑，就是老虎斑。"老虎斑和东星斑一样，肉硬得要命，怎么吃？还要卖得那么贵，岂有此理！

真是替那些付钱的人不值，只有客气说好好好，后来他们看我不举筷，拼命问原因。倪匡兄问："你们知道东星斑和老虎斑，哪一个部位最好吃？""到底是什么部位？"我也想搞清楚。倪匡兄大笑四声："铺在鱼上面的姜葱，和碟底的汤汁呀，哈哈哈哈。"

曾经沧海难为水，这儿和我们当年在伊利沙伯大厦下面的北园吃海鲜，当今响当当的钟锦还是厨子的时候，吃的都是最高级的鱼，什么苏眉、青衣之类，当成杂鱼，碰都不会去碰。

"还是黄脚（鱲）好，上次你带我去流浮山，刚好有十尾，蒸了六尾，四尾滚汤，我后悔到现在。"他说。"后悔些什么？""后悔为什么不把十条都蒸了。"

趁这个星期天，一早和倪匡兄嫂又摸到流浮山去，同行的还有陈律师，

一共四人。他运气好，还有五尾黄脚（鱲），比手掌还要大一点，是最恰当的大小。再到老友十一哥培仔的鱼档，买了两尾三刀，赠送一条。看到红钉，也要了两条大的。几斤奄仔蟹，一大堆比石狗公还高级百倍的石崇煲汤。最后在另一档看到乌鱼，这在淡咸水交界生的小鱼，只能在澳门找到，也要了八尾，一人两条，够吃了吧？这次依足倪匡兄意思，全部清蒸。

"先上什么鱼？"海湾酒家老板娘肥妹姐问。"当然是黄脚（鱲）了。"倪匡兄吩咐。"有些人是把最好的留在最后吃的。"肥妹姐说。倪匡兄大笑，毫不忌讳地说："最好的应该最先吃，谁知道会不会吃到一半死掉呢？"

五尾黄脚（鱲）鱼，未拿到桌子上已闻到鱼香，蒸得完美，黏着骨头，一人分了一尾，剩余的那条又给了倪匡兄。肚腩与鳍之间还有膏状的半肥部分，吃得干干净净。"介乎有与无之间，又有那股清香，吃鱼吃到这么好的境界，人生几回？"倪匡兄不客气地把我试了一点点的那尾也拿去吃光了。

三刀上桌，肉质并不比黄脚（鱲）差，香味略输一筹，比了下去，但在普通海鲜店，已是吃不到的高级鱼。

红钉，又叫红斑，我一听到斑，有点抗拒，试了一口，发现完全没有普通斑的肉那么硬。"其实好的斑鱼，都不应该硬的。"倪匡兄说。

奄仔蟹上桌，全身是膏，倪匡兄怕咬不动，留给别人吃："人的身体之中，最硬的部分都是牙齿，也软了。人一老真是要不得。"虽然那么说，见陈律师和倪太吃得津津有味，也试了一块，大叫走宝，把剩下的都扫光。

乌鱼本来清蒸的，但肥妹姐为了令汤更浓，也就拿去和石崇一起滚

后,捞起,淋上烫热的猪油和酱油。乌鱼的肉质,比我们吃的那几种都要细腻。

黄脚(鱲)五尾,三刀三尾,红钉三尾,乌鱼八尾,一共十九条鱼,还不算那一堆石崇呢。

鱼汤来了。几个尾鱼,豆腐和芥菜滚了,四人一人一碗,肥妹姐说得对:"要那么多汤干什么?够浓就是!"

我偷偷地向她说:"你再替我弄两斤九虾来。"来到流浮山不吃九虾怎行?这种虾有九节,煮熟后又红又黄,是被人认为低贱的品种,所以没人养殖,全部野生,肉质又结实,甜得不得了。

"我怎样也吃不下去了。"倪匡兄宣布。这也奇怪,他吃海鲜,从来没听过他说这句话。我们埋头剥白灼九虾,不去理会,他终于忍不住,要了一尾,试过之后即刻抓一把放在面前,吃个不停。

一大碟九虾吃剩一半,我向肥妹姐说:"替我们炒饭。""又要我亲自动手了?"她假装委屈。我说:"只有你炒的才好吃嘛。"肥妹姐甜在心里,把虾捧了进去。不一会儿,炒饭上桌,黄色是鸡蛋,粉红的是虾,紫色的是虾膏。

倪匡兄又吃三大碗。"还想不想在流浮山买间屋子住住?"肥妹姐问。我知道他已不能抗拒这种诱惑,但在铜锣湾的房子刚刚租了下来,就向倪匡兄说:"你弟弟倪靖不是喜欢大自然吗,请他和你合买一间,一星期来住个两三天,才回闹市去吧。"倪匡兄点头:"可以考虑,有那么好的鱼吃,在月球上买一间也值得。"

这样吃虾，
才是人生最大的乐趣

儿时的记忆，虾是一种很高贵的食材，近乎鲍参翅肚，一年之中，能尝到几次，已算幸福。虾的口感是爽脆的，弹牙的，肉清甜无比，味也不腥，独有的香气，是别的生物所无。吃虾是人生最大享受之一，直到养殖虾的出现。

忽然之间，虾变得没有了味道，只留形状。冰冻的虾，价钱甚为便宜；即使是活的，也不贵，你我都轻易买到。曾见一群少年，在旺角街市购入活虾，放进碟子，拿到7-11便利店的微波炉叮它一叮，剥壳即食，也不过是十几块港币。向他们要了一尾试试，全无虾味，如嚼发泡胶。

四十多年前在台北华西街的"台南担仔面"高贵海鲜店中，看到邻桌叫的大尾草虾，煮熟后颜色红得鲜艳，即要一客试试，一点味道也没有，完全是大量养殖生产之祸。

六十年代中，游客来到香港，吃海鲜时先上一碟白灼虾，点葱丝和辣椒丝酱油，大叫天下美味。当今所有餐桌上都不见此道菜，无他，不好吃嘛。

香港渔商发现养殖虾的不足，弄个半养半野生，围起栏来饲大的，叫为

"基围虾"。初试还有点甜味,后来也因只是用麦麸或粟米等饲料,愈弄愈淡,基围虾从此也消失了。

到餐厅去,叫一碟芙蓉炒蛋,看见里面的虾,不但是冷冻的,而且还用苏打粉发过,身体带透明状,剩下一口药味,更是恐怖。从前香港海域的龙虾,颜色碧绿,巨大无比,非常香甜。只要不烹调得过老,怎么炮制都行。当今看到的多由大洋洲或非洲进口,一吃就知道肉粗糙,味全失。削来当刺身还吃得过,经过一炒,就完蛋了。有两只大钳子的波士顿龙虾,肉质虽劣,但不是饲养,拿来煲豆腐和大芥菜汤,还是一流的。

当今我吃虾,务必求野生的,曾经沧海难为水,养殖的,宁愿吃白饭下咸萝卜,也不去碰。在日本能吃到最多野生虾,寿司店里,叫一声"踊(odori)",跳舞的意思,大师傅就从水缸中掏出一匹大的"车虾

（Kuruma Ebi）"，剥了壳让你生吃，肉还会动，故称之。

北海道有更多的品种，最普通的是"甘虾（Ama-Ebi）"，日本人不会用"甜"字，只以"甘"代之，顾名思义，的确很甜，很甜。大的甜虾，叫"牡丹虾（Botan Ebi）"，啖啖是肉。比牡丹虾更美味的，叫"紫虾（Murasaki Ebi）"，可遇不可求，皆为生吃较佳。

他们称虾为"海老"，又名"衣比"。虾身长，腰曲，像长寿的老人，故名之。"海老"也有庆祝的意思，所有庆典或新年的料理中，一定有一匹龙虾，龙虾是生长在伊势湾的品种最好，龙虾在日本叫成"伊势海老（Ese Ebi）"。

"虾蛄"潮州语是琵琶虾的意思，但在日文中作赖尿虾。赖尿虾是因为一被捕捉，标出一道尿来而得名的，甚为不雅，它的味甘美，有膏时背上全是卵，非常好吃。有双螯，像螳螂，其实应该根据英文Mantis Shnmp，叫为螳螂虾更为适合。大只的赖尿虾，从前由泰国输入，已捕捉得快要绝种，当今一般所谓避风塘料理用的大赖尿虾，多数由马来西亚运到，半养殖，可是肉还是鲜甜的。

旧时的寿司店中，还出现一盒盒的"虾蛄爪（Shyako No Tsume）"，用人工把虾爪的壳剥开，取出那么一丁点的肉，排于木盒中，用匙舀了，包在紫菜中吃，才不会散，吃巧多过吃饱，当今人工渐贵，此物已濒临绝种。

潮州人的虾蛄，日人称之为"团扇海老（Uchiwa Ebi）"，粤人叫琵琶虾，虾头充满膏时，单吃膏，肉弃之。

细小如浮游动物的，是"樱虾（Sakura Ebi）"，因体内色素丰富，一煮熟变为赤红，样子像飘落在地面的樱花，这种虾在台湾的东港也能大量捕捞。

比樱虾更小的是日人叫为"酱虾（Ami）"的虾毛，样子像虾卵，吃起来没有飞鱼子（一般误解为蟹子）那么爽脆，但也鲜甜，多数是用盐制为下酒菜。

上述的都是海水虾，淡水的有我们最熟悉的河虾，齐白石先生常画的那种，有两支很长的螯。河流没被污染之前可以生吃，上海人叫"抢虾"，装入大碗中，用碟当盖，下玫瑰露，上下摇动数次，把盖打开，点南乳酱，就那么活生生地抓来吃，天下美味也。

另有法国人喜欢吃的淡水小龙虾（Scampi）和更小、壳更硬的澳大利亚小龙虾（Yabby），都没中国河虾的美味。上海的油爆虾用的是河虾，是不朽的名菜。

中国种龙虾，英文叫Clayfish，他们认为有虾钳的，才能叫为 Lobster。至于普通的虾，有Prawn和Shrimp两个名字，前者是英国人用的，后者是美国人用的。

那么多虾中，问我最好吃的是哪一种？我毫不犹豫地回答，是地中海的野生虾。品种不同，一出水面即死，冰冻了运到各地，头已发黑，样子难看，但一吃进口，哎呀呀，才知其香其甜。一碟意大利粉，有几只这种虾来拌，真能吃出地中海海水味，绝品也。

猪油爆虾酱，
那叫一个人间美味

也许是因为中国人穷惯了，或者是他们有点小聪明，吃不完的东西就用来盐渍与干晒，保存下来，随着经验起变化，成为佳肴。

虾米是代表性的干货主一。它并不像江瑶柱那么高贵，是种很亲民的食材。外国人不懂得欣赏，西餐中很少看到虾米入馔的。上等的虾米，味道甜得厉害；劣货是一味死咸。当今要买到好的虾米也不容易，有些还是染色的呢，一般吃得过的，价钱已比鲜虾还要贵了。

我家厨房，一定放有一个玻璃罐的虾米，这种东西贮久了也不坏。虽然如此，干虾米买回来后，经过一两个月后，还是装入冰箱，感觉好像安全得多。前几天到九龙城街市，卖海鲜的雷太送了我一包，是活虾干晒的，已不叫虾米，称为虾干，最为高级。第一颜色鲜艳，第二软硬适中，第三很甜，水浸后不逊鲜虾。

虾米的用途最广，洗它一洗，就那么吃也行；买到次货，则在油锅中爆一爆，加点糖，拿来当下酒小食，比薯仔片高级得多。吃公仔面时，我喜欢把那包调味料扔掉；先用清水来滚虾米，它本身带咸，不必放盐或酱油，已是一个很美味的汤底，若再嫌不够味，加几滴鱼露即可。

和蔬菜的配合极佳，虾米炒白菜，就是沪菜中著名的开洋白菜，把虾米叫成开洋，亏上海人想得出。他们的豆腐上也惯用虾米和皮蛋，及肉松来拌；早餐的粢饭也少不了虾米。开洋葱油煨面不可抗拒地好吃，传统制法为：将葱去根，用刀背拍松，切小段备用。开洋浸水，使之发软。烧红锅，加猪油，放葱段和开洋爆香，滴绍酒，加上汤，然后把面条放进去，待沸，转小火煨三四分钟，大功告成。

南洋一带，海虾捕获一多，都制虾米，尤其是马来西亚东海岸的小岛，所晒虾米最为鲜甜。到新加坡和吉隆坡旅行，别忘记买一些带回来。不必到海味专门铺子，普通杂货店亦出售，选价钱最贵者，也是便宜。

把虾米舂碎后加辣椒来爆香，就是著名的峇拉煎了。香港人当它来自马来西亚，听了发音后冠上一个"马来盏"的名字。用马来盏来炒通菜是一道最家常的小菜。当地人取了一个菜名，叫马来风光。

我最拿手做的一道冷菜，主要原料也是虾米。制法为：先将虾米浸软，挤干水分备用。再炸猪腩肥肉为猪油渣，把刚炸好的小方块和指天椒放入石臼同时舂碎，加糖。上桌时铺上青瓜丝、干葱片和大蒜茸，最后挤青柠汁进去。味道又香又辣又甜又酸，错综复杂，唤醒所有食欲神经。单单是这样小吃，已能连吞饭三大碗。

把小得不能再小的虾毛腌制，就是一种叫Chincharo的东西，新加坡和马来西亚的华人谑之为青采落，潮语的"随便放"的意思。它是死咸的一种酱料，通常装进一个像西红柿酱的玻璃瓶中出售，吃时倒进碟里，加大量的红葱头片去咸，再放点糖。发现菲律宾人也有同样的吃法。如果在南洋的杂货店中看到这种粉红色的虾酱，也不妨买来送给家里的家务助理，她们会很高兴。

虾头膏是马来西亚槟城的特产。颜色漆黑，很吓人。做马来沙律"啰"时不可缺少，有浓厚的滋味，槟城"叻沙"没有虾头膏也不行。我发现炒面时，将虾头膏勾稀，放进面中，独特的香味，令面条更好吃。到槟城旅行可买一罐回来试试。天气一热，买几条青瓜，切成薄片后，从冰箱中取出虾头膏，涂在上面就那么吃，非常开胃；不然，在香港买到沙葛，用同样方式吃饭送酒也行。

至于虾酱，香港人甚为熟悉，它是将小虾腌制发酵，呈紫色的膏酱。那种强烈的味觉，不是人人受得了的，但喜爱起来却是百食不厌。最鲜美的白灼螺片，也要用它来蘸。响螺片太贵，并非大家吃得起，当今只有在蒸炒带子时，派得上用场。

据称香港马湾的虾酱做得最好，我去参观过其制造过程，其实与所有海边渔民做法都差不多，也许是马湾的质量控制得好的缘故吧。去流浮山的"海湾餐厅"，菜没上桌，先来一碟用猪油爆香的虾酱，已是天上美味，不必吃其他东西也可以了。用它和活虾来炒饭，更是一流。

南洋的虾酱，一般比香港的浓厚和坚硬。用纸包成长方形，吃时拆开纸包，一片片切下。就那么在火上烤一烤，更香。挤上南洋小青柠，如果找不到可用白醋代之，加点糖，已能下饭。

前几天和一个外国朋友进餐，谈起虾膏和虾酱，他没有试过，说道："你用最简单的说法形容一下吧！""味道很臭。"我想也没想，就那么冲口说出。"那么臭，吃前要不要洗一洗？"他又问。

我只有告诉他一个最爱回放的故事："我们从前在西班牙拍戏，有个摄影师爱上了一个西班牙女郎，本来是件开心的事，但他愁眉苦脸地向我讨教，说他那个女友身上很臭，问我怎么办？我告诉了他一番话，结果他高高兴兴地走了。

"你向他说了些什么？"洋朋友问。我懒洋洋地："我说如果你喜欢吃的是羊奶芝士，会不会去洗一洗呢。"

不同的烹饪方式，
呈现不同的味道

我的好友刘幼林（Bob Liu），最喜欢说的故事，是我到他家中烧菜，一煮就煮出十道不同的咖喱来。

那是数十年前的事了。他当年住在东京原宿，角落头的大厦，楼下是间西装店的，我常到他家做客。他首任太太叫贝拉，是位"中华航空"的空姐，纯中国人，但样子像混血儿，身材高大，美艳动人。她说她最爱吃咖喱了，我又约了一个日本红歌星女友，乘机大为表演一番。

没下过厨的人，总以为咖喱很难煲制，其实最简单不过，只要失败过两三次，一定做得好。

咖喱有几个基本的步骤，那就是先下油，把切碎的洋葱爆它一爆。其他菜下猪油才香，但是咖喱却忌猪油，用植物油好了，粟米油、橄榄油都行，甚至用椰油，就是不能下猪油，牛油也尽量避免，因为咖喱不是以油香取胜的。

洋葱一个或两个三个，看咖喱的份量而定，咖喱的甜味，很靠洋葱。香港著名的咖喱店外，常见一大袋一大袋的洋葱，可见用的份量极多。不可弄得太碎，先把洋葱头尾切去，开半，把扁平的一方朝下，再直切或横切都行，不必太薄，指甲的长度分成三片即可。

烧热镬，下油，见油起烟，放洋葱，炒至金黄，香味喷出时就可以加咖喱粉或咖喱酱了。香港的香料店或杂货店里，一般卖的都是印度咖喱粉。如果用的都是同一样粉，就做不出十种咖喱来。基本上咖喱的原料只有几种，想要新鲜香甜的风味，用的是小豆蔻、肉桂、丁香和生姜；浓味的可选择姜黄和芫荽籽。我们认为的"印度味"，那是加了孜然而产生的。

把印度咖喱粉加进洋葱中一块炒，再下鸡肉拌匀炒香，最后注入清水，煮个半小时，第一道的咖喱鸡就能上桌了。

第二道来点小食，以碎肉代替鸡，咖喱粉下得浓一点，炒后用薄馅皮包卷，再炸，就是咖喱春卷。

咖喱牛肉用南洋煮法了。所谓的南洋咖喱，包括了马来西亚和印度尼西亚，主要原料和印度咖喱相同，但是取掉了孜然，而不用清水，以椰浆熬之。牛肉不可先煮软切块再放入咖喱中加热，这是香港咖喱餐厅的方法，以求方便，但这么一来咖喱归咖喱，肉归肉，二者不结合，味逊也。牛肉一定要和咖喱汁一块炆至软熟才行；用了椰浆，比印度咖喱更为惹味，这是第三道。

第四道的咖喱虾，用泰国方式烧出来。泰国咖喱很辛辣，下的是指天椒碎，我把它放在一旁，让愈吃愈嗜辣的人自己加。泰国咖喱为了中和辣味，也多下点糖，用了大量的香茅、高良姜和橙叶，烧出来的味道与印度或南洋咖喱截然不同。

第五道是咖喱鱼头了。最难做，因为刘幼林家里没有巨大的镬。也罢，用沸水淋之，去其腥味，再用咖喱粉放进大汤锅来煮，同时下叫为淑女手指的羊角豆，让它把咖喱汁吸进种子之中，咬破了有鱼子酱一般的口感。

本来要炒咖喱蟹的，但觉得太过平凡，想起在印度海边小镇Goa吃过的一道蟹菜，即刻依样画葫芦。那是把螃蟹蒸熟，拆下肉来备用。另边厢，取掉孜然，只用姜黄、肉桂和芫荽籽，再加藏红花染色，蟹肉煮得鲜红，搅成一大团，用匙羹舀来吃，味道马上与几道菜完全不一样，无不赞好。这是第六道菜。

第七道菜份量不能太多，也不可再有肉类，就用高丽菜，广东人叫的椰菜来煮椰浆，放几片咖喱叶、丹桂树叶和众香子（Allspice）去串味儿。

这时可以来饭了，用姜黄、孜然芹、小豆蔻和丁香混合的粉煸炒洋葱；另一方面把印度野米洗净，倒入油锅中加盐去炒，再下香料，加水，盖上锅盖，慢煮个十五分钟，最后下几粒葡萄干拌之。咖喱饭是第八道。

第九道菜，用龙虾喂了粉炸成。"简直是天妇罗嘛。"女友问，"怎能叫成咖喱菜？""你先点一点酱。"我说。"那是黄芥末呀！""试过才知。"那碟像黄芥末的黄色酱料，与芥末完全无关，是用最普通的蛋黄酱混了咖喱粉拌咸。"这是第九道咖喱菜。"我宣布。

"最后一道菜是什么？不会做咖喱甜品吧？"刘太太迫不及待地问。"说得不错，就是咖喱甜品！"做法简单，这道菜可花上几小时的功夫，是事先做好的，把小豆蔻的青豆荚捣碎，加一半牛奶一半忌廉，煮滚，待冷却。打蛋黄进去，搅匀，开火加热，令其变稠。这时可以加腰果碎、茴香粉、月桂粉，再添蜜糖，冷冻两小时，再搅，放入冰格。因时间不够，冻结不太成形，大家原谅，当了咖喱糖水喝。我在一边笑嘻嘻，一点咖喱也咽不下去，光喝酒，大醉，醒来全身咖喱味。

只有用这个方法，
才能做出心目中最完美的蛋

我这一生之中，最爱吃的，除了豆芽之外，就是蛋了。一直在追求一个完美的蛋。

但是，我却怕蛋黄。这有原因，小时生日，妈妈焓熟了一个鸡蛋，用红纸浸了水把外壳染红，是祝贺的传统。当年有一个蛋吃，已是最高享受。我吃了蛋白，刚要吃蛋黄时，警报响起，日本人来轰炸，双亲急着拉我去防空壕，我不舍得丢下那颗蛋黄，一手抓来吞进喉咙，噎住了，差点呛死，所以长大后看到蛋黄，怕怕。

只要不见原形便不要紧，打烂的蛋黄，我一点也不介意，照食之，像炒蛋。说到炒蛋，我们蔡家的做法如下：用一个大铁镬，下油，等到油热得生烟，就把发好的蛋倒进去。事前打蛋时已加了胡椒粉，在炒的时候已没有时间撒了。鸡蛋一下油镬，即搅之，滴几滴鱼露，就要把整个镬提高，离开火焰，不然即老。不必怕蛋还未炒熟，因为铁镬的余热会完成这件工作，这时炒熟的蛋，香味喷出，不必其他配料。

蔡家蛋粥也不赖，先滚了水，撒下一把洗净的虾米熬个汤底，然后将一碗冷饭放下去煮，这时加配料，如鱼片、培根片、猪肉片。猪颈肉丝代之亦可，或者冰箱里有什么是什么。将芥兰切丝，丢入粥中，最后加三个蛋，搅成糊状，即成。上桌前滴鱼露、撒胡椒、添天津冬菜，最后加炸香的干红葱片或干蒜茸。

有时煎一个简单的荷包蛋，也见功力。和成龙一块在西班牙拍戏时，他说他会煎蛋。下油之后，即刻放蛋，马上知道他做的一定不好吃。油未热就下蛋，蛋白一定又硬又老。

煎荷包蛋，功夫愈细愈好。泰国街边小贩用炭炉慢慢煎，煎得蛋白四周围发着带焦的小泡，最香了。生活节奏快的都市，都做不到。香港有家叫"三元楼"的，自己农场养鸡生蛋，专选双仁的大蛋来煎，也很没特别。

成龙的父亲做的茶叶蛋是一流的，他一煮一大锅，至少有四五十粒，才够我们一群饿鬼吃。茶叶、香料都下得足，酒是用XO白兰地，以本伤人。我学了他那一套，到非洲拍饮食电视节目时，当场表演，用的是巨大的鸵鸟蛋，敲碎的蛋壳造成的花纹，像一个花瓶。

到外国旅行，酒店的早餐也少不了蛋，但是多数是无味的。饲养鸡，本来一天生一个蛋，但急功近利，把鸡也给骗了。开了灯当白天，关了当晚上，六小时各一次，一天当两天，让鸡生二次。你说怎会好吃？不管他们的炒蛋或者奄列，味道都淡出鸟来。解决办法，唯有自备一包小酱油，吃外卖寿司配上的那一种，滴上几滴，尚能入喉。更好的，是带一瓶小瓶的生抽，台湾制造的民生牌壶底油精为上选，它带甜味，任何劣等鸡蛋都能变成绝顶美食。

走地鸡的新鲜鸡蛋已罕见，小时听到鸡咯咯一叫，妈妈就把蛋拾起来送到我手中，摸起来还是温暖的，敲一个小洞吸噬之。现在想起，那股味道有点恐怖，当年怎么吃得那么津津有味？因为穷吧。穷也有穷的乐趣。热腾腾的白饭，淋上猪油，打一个生鸡蛋，也是绝品。但当今生鸡蛋不知有没有细菌，看日本人早餐时还是用这种吃法，有点心寒。

鹌鹑蛋虽说胆固醇最高，也好吃，香港陆羽茶楼做的点心鹌鹑蛋烧卖，很美味。鸽子蛋煮熟之后蛋白呈半透明，味道也特别好。

由鸭蛋变化出来的咸蛋，要吃就吃蛋黄流出油的那种。我虽然不喜蛋黄，但咸蛋的能接受。放进月饼里，又甜又咸，很难顶，留给别人吃吧。至于皮蛋，则非糖心不可。香港镛记的皮蛋，个个糖心，配上甜酸姜片，一流也。

上海人吃熏蛋，蛋白硬，蛋黄还是流质。我不太爱吃，只取蛋白时，蛋黄黏住，感觉不好。台湾人的铁蛋，让年轻人去吃，我咬不动。不过他们做的卤蛋简直是绝了。吃卤肉饭、担仔面时没有那半边卤蛋，逊色得多。

鱼翅不稀奇，桂花翅倒是百食不厌，无他，有鸡蛋嘛。炒桂花翅却不如吃假翅的粉丝。蔡家桂花翅的秘方是把豆芽浸在盐水里，要浸个半小时以上。下猪油，炒豆芽，兜两下，只有五成熟就要离镬。这时把拆好的螃蟹肉、发过的江瑶柱和粉丝炒一炒，打鸡蛋进去，蘸酒、鱼露，再倒入芽菜，即上桌，又是一道好菜，但并非完美。

去南部里昂，找到法国当代最著名的厨师保罗·鲍古斯，要他表演烧菜拍电视。他已七老八十，久未下厨，向我说："看老友份上，今天破例。好吧，你要我煮什么？""替我弄一个完美的蛋。"我说。保罗抓抓头皮："从来没有人这么要求过我。"

说完，他在架子上拿了一个平底的瓷碟，不大，放咖啡杯的那种。滴上几滴橄榄油，用一枝铁夹子挟着碟，放在火炉上烤，等油热了才下蛋，这一点中西一样。打开蛋壳，分蛋黄和蛋白，蛋黄先下入碟中，略熟，再下蛋白。撒点盐，撒点西洋芫荽碎，把碟子从火炉中拿开，即成。

保罗解释:"蛋黄难熟,蛋白易熟,看熟到什么程度,就可以离火了。鸡蛋生熟的喜好,世界上每一个人都不同,只有用这个方法,才能弄出你心目中最完美的蛋。"

热爱生活的人，
一定要吃顿丰富的早餐

热爱生命的人，一定早起，像小鸟一样，他们得到的报酬，是一顿又好吃又丰富的早餐。

什么叫作好？很主观化。你小时候吃过什么，什么就是最好。豆浆油条非我所好，只能偶而食之。因为我是南方人，粥也不是我爱吃的。我的奶妈从小告诉我："要吃，就吃饭，粥是吃不饱的。"奶妈在农村长大，当年很少吃过一顿饱。从此，我对早餐的印象，一定要有个饱字。

后来，干电影工作，和大队一起出外景，如果早餐吃不饱，到了十一点钟整个人已饿昏，更养成习惯，早餐是我生命中最重要的一项食物。

进食时，很多人不喜欢和我搭台坐，我叫的食物太多，引起他们侧目之故，一个我心目中的早餐包括八种点心：虾饺、烧卖、鸡杂、萝卜糕、肠粉、鲮鱼球、粉粿、叉烧包和一盅排骨饭，一个人吃个精光。偶尔来四两开蒸，时常连灌两壶浓普洱。

在香港，从前早餐的选择极多，人生改善后，大家迟起身，可去的地方愈来愈少。代表性的有中环的"陆羽茶室"饮茶，永远有那么高的水平，一直是那么贵；上环的"生记"吃粥，材料的搭配变化无穷，不像吃粥，像一顿大菜，价钱很合理。

九龙城街市的三楼，可从每个摊子各叫一些，再从其他地方斩些刚烤好的烧肉和刚煮好的盅饭。友人吃过，都说不是早餐，是食物的饮宴。

把香港当中心点，画个圆圈，距离两小时的有广州，"白天鹅酒店"的饮茶一流，做的烧卖可以看到一粒粒的肉，不是机器磨出来的。台北的，则是街道的切仔面。

远一点距离四小时的，在新加坡可以吃到马来人做的椰浆饭（Nasi Lemak），非常可口。吉隆坡附近巴里小镇的肉骨茶，吃了一次，从此上瘾。

日本人典型的早餐也吃白饭，一片烧鲑鱼，一碗味噌汤，并不丰富。宁愿跑去二十四小时营业的"吉野家"吃一大碗牛肉丼。在东京的筑地鱼市场可吃到"井上"的拉面和"大寿"的鱼生。小店里老人家在喝酒，一看表，大清晨五点多，我问道："喂，老头，你一大早就喝酒？"他瞄了我一眼："喂，年轻的，你要到晚上才喝酒？"生活时段不同，习惯各异。我的早餐，是他的晚饭。

爱喝酒的人，在韩国吃早餐最幸福，他们有一种叫"解肠汁"的，把猪内脏熬足七八小时，加进白饭拌着吃，宿醉即刻被它医好。还有一种奶白色的叫"雪浓汤"，天冷时特别暖胃。

再把圆圈画大，在欧洲最乏味的莫过于酒店供应的"内地早餐"了，一个面包、茶或咖啡，就此而已，冲出去吧！到了菜市场，一定找到异国情怀。

问酒店的服务部拿了当地菜市场的地址，跳上的士，目的地达到。在布达佩斯的菜市场里，可买到一条巨大的香肠，小贩摊子上单单芥末就有十多种选择，用报纸包起，一面散步一面吃，还可以买一个又大又甜的灯笼椒当水果，加起来才一美金。

纽约的"富尔顿"菜市场中卖着刚炸好的鲜虾，绝对不逊日本人的天妇罗，比吃什么"美国早餐"好得多。和"内地早餐"的不同，只是加了一个炒蛋，最无吃头。当然，纽约像欧洲，不是美国，所以才有此种享受。卖的地方只有炒蛋和面包，宁愿躲在酒店房吃一碗方便面。

回到家里，因为我是个面痴，如果一星期不出门，可做七种面食当早餐。星期一，最普通的云吞面，前一天买了几团银丝蛋面再来几张云吞皮，自己选料包好云吞，渌面吃，再用菜心灼一碟蚝油菜薹。

星期二，福建炒面，用粗黄的油面来炒，加大量上汤煨，一面炒一面撒大地鱼粉末，添黑色酱油。

星期三，干烧伊面，伊面先出水，备用，炒个你自己喜欢吃的小菜，但要留下很多菜汁，让伊面吸取。

星期四，猪手捞面，前一个晚上红烧了一锅猪手，最好熬至皮和肉差那么一点点就要脱骨的程度，再用大量浓汁来捞面条。

星期五，泰式街边"玛面"，买泰国细面条渌好，加各种配料，鱼饼片、鱼蛋、叉烧、炸云吞、肉碎，淋上大量的鱼露和指天椒碎食之。

星期六，简单一点来个虾酱面，用黑面酱爆香肉碎，黄瓜切条拌之，一面吃面一面咬大葱。

礼拜天，把冰箱中吃剩的原料，统统像吃火锅一样放进锅中灼熟，加入面条。

印象最深的早餐之一，是汕头"金海湾酒店"为我安排的，到菜市场买潮州人送粥的小点咸酸甜,一共一百种,放满整张桌子,看到时已哇哇大叫。

之二,在云南昆明的酒店里,摆一长桌,上面都是菜市场买到当天早上刚刚采下的各种野菇,用山瑞熬成汤底,菇类即灼即食,最后那碗汤香甜到极点。

吸骨髓，
吃货才能体会到的美味

小时候吃海南鸡饭，一碟之中，最好吃的部分并非鸡腿，而是斩断了骨头中的骨髓，颜色鲜红，吸啜之下，一小股美味的肥膏入口，仙人食物也。当今叫海南鸡饭，皆是去骨的。无他，骨髓已变得漆黑，别说胆固醇了，颜色已让人反胃。现杀的鸡，和雪藏的，最大的不同就是骨髓变黑，一看就分辨出来。

骨髓的营养，包括了肥油、铁质、磷和维他命A，还有微量的Thiamin（维生素B_1）和Niadn，都是对人体有益的。在早年，一剂最古老的英国药方，是用骨髓加了番红花打匀，直到像牛油那样澄黄，给营养不良的小孩吃。

在当今营养过剩的年代，一听到骨髓，就大叫胆固醇！怕怕，没人敢去碰。好在有这些人，肉贩都把骨头和骨髓免费赠送，让老饕得益。

凡是熬汤，少了骨头就不那么甜，味精除了用海藻制造之外，就是由骨头提炼出来的。

有次去匈牙利，喝到最鲜美的汤，用大量的牛腿骨和肉煮出。肉剁成丸，加了椰菜。以两个碟子上桌，一碟肉丸和蔬菜，一碟全是骨头。有七八根左右吧，抓起一根就那么吸，满嘴的骨髓。一连多根骨，吃个过瘾，怕什么胆固醇？有些在骨头深处的吸不出，餐厅供应了一支特制的银匙，可以仔细挖出。这种匙子分长短两支，配合骨头的长度，做得非常精美，可在古董店买到。当今已变成了收藏品，有拍卖价值。

英国名店ST. John的招牌菜，也就是烤骨髓（Roasted Bone Marrow）。做法是这样的：先把牛大腿骨斩断，用水泡个十二至二十四小时，加盐，每回换水四至六次，令血液完全清除。烤炉调到450度或230度，把骨头水分烤干，打直排在碟中，再烤个十五至二十五分钟，即成。

起初炮制，也许会弄到骨髓完全跑掉，全碟是油，但做几次就上手。再怕做不好，入烤箱之前用面包糠把骨管塞住，骨髓便不会流出来。如果没有烤箱，另一种做法是用滚水炮制，煮个十五分钟即成，但较容易失败。

骨髓太腻，要用西洋芫荽中和。芫荽沙律是用扁叶芫荽，加芹菜、西洋小红葱，淋橄榄油、海盐和胡椒拌成，做法甚简单。把骨髓挖出来，和沙律一齐吃，或者涂在烤面包上面，但建议就那么吞进肚中，除了盐，什么都不加。

在法国普罗旺斯吃牛扒，也不像美国人那么没有文化，他们的牛扒薄薄一片，淋上各种酱汁。牛扒旁边有烤热的骨髓，吃一口肉，一口骨髓，才没那么单调。

意大利的名菜叫Osso Buco，前者是骨，后者是洞的意思。一定带有骨髓，最经典的是用茴香叶和血橙酱来炮制，叫Fennel & Blood Orange Sauce。制法是先把小牛的大腿斩下最肥大的那块来，用绳子绑住，加茴香叶和刨下橙皮，放进烤箱烤四十五分钟，如果怕骨髓流走，可以在骨头下部塞一点剁碎的茴香叶。

羊的骨髓，味道更为纤细，带着羊肉独特的香气。最好是取羊颈。羊颈斩成八块，加洋葱、椰菜或其他香草，撒上海盐，烤也行，焗也行，羊颈肉最柔软，吸骨髓更是一绝。一样用羊颈，加上盐渍的小江鱼（Ahchovies）来炮制，更是惹味。和中国人的概念："羊"加"鱼"得一个"鲜"，是异曲同工的。

印度人做的羊骨髓，是把整条羊腿熬了汤，用刀把肉刮下，剩下的骨头和骨边的肉拿去炒咖喱。咖喱是红色的，吸啜骨髓时吮得嘴边通红，像个吸血鬼。这种煮法在印度已难找，新加坡卖羊肉汤的小贩会做给你吃。

猪骨髓也好吃，但没有猪脑那么美味。点心之中，有牛骨髓或猪骨髓的做法，用豆豉蒸熟来吃，但总不及猪骨汤的。把骨头熬成浓汤，最后用吸管吸出脊椎骨中的髓。

鱼头中的鱼云和那啫喱状的部分，都应该属于骨髓的一部分，洋人都不懂其味，整个鱼头扔之。鱼死了不会摇头，但我们看到摇个不已。大鱼，如金枪，骨髓就很多，日本人不欣赏，中国台湾南部的东巷地方，餐厅里有一道鱼骨髓汤，是用当归炖出来，嚼脊椎旁的软骨，吸骨中的髓，美味非凡。

家中请客时，饭前的下酒菜，若用橄榄、薯仔片或花生，就非常单调，没有什么想象力。有什么比烤骨髓送酒更好的？做法很简单，到你相熟的冻肉店，把所有的牛腿骨都买下，只用关节处的头尾，一根骨锯两端，像两个杯子，关节处的骨头变成了杯底。这一来，骨髓一定不会流走，把骨杯整齐地排列在大碟中，撒上海盐，放进微波炉叮一叮。最多三至五分钟，一定焗得熟透。拿出来用古董银匙奉客，大家都会赞美你是一个一流的主人。

羊肉膻味十足，
那才是天下美味

膻，读作"善"，看字形和发音，都好像有一股强烈的羊味，而这股味道，是令人爱上羊肉的主要原因。成为一个老饕，一定要什么东西都吃。怕羊的人，做不了一个美食家，也失去味觉中最重要的一环。

凡是懂得吃的人，吃到最后，都知道所有肉类之中，鸡肉最无味、猪最香、牛好吃，而最完美的，就是羊肉了。北方人吃惯羊，南方人较不能接受，只尝无甚膻味的瘦小山羊。对穆斯林，或游牧民族来说，羊是不可缺少的食物，煮法千变万化。羊吃多了，身上也发出羊膻来，不可避免。

有次和一群香港的友人游土耳其，走进蓝庙之中，那股羊味攻鼻，我自得其乐，其他人差点晕倒。这就是羊了，个性最强，爱恶分明，没有中间路线可走。

许多南方人第一次接触到羊，是吃北京的涮羊肉。"涮"字读成"算"，他们不懂，一味叫"擦"，有边读边，但连"刷子"的"刷"，也念成"擦"了。

南方人吃火锅，以牛和猪为主，喜欢带点肥的，一遇到涮羊肉，就向侍者说道："给我一碟半肥瘦。"哪有半肥瘦的？把冷冻的羊肉用机器切片，片出来后搓成卷卷，都只有瘦肉，一点也不带肥。要吃肥，叫"圈子"好了，那是一卷卷白色的东西，全是肥膏，香港人看了皱眉头。入乡随俗，人家的涮羊肉怎么吃，你我依照他们的方法吃好了，啰唆些什么呢？要半肥瘦？易办！只要夹一卷瘦的，另夹一卷圈子，不就行吗？

老实说，我对北京的涮羊肉也有意见，认为肉片得太薄，灼熟后放在嘴里，口感不够。而且冰冻过，大失原味，有次去北京，一家小店卖刚剑完的羊腿，用人工切得很厚，膻味也足，吃起来才过瘾。

吃涮羊肉的过程中，最好玩的是自己混酱。一大堆的酱料，摆的一桌面，计有麻油、酱油、芫荽、韭菜茸、芝麻酱、豆腐乳酱、甜面酱和花雕酒，等等。很奇怪地，中间还有一碗虾油，就是南方人爱点的鱼露了，这种鱼腥味那么重的调味品，北方人也接受，一再证明，羊和鱼，得一个鲜字，配合得最佳。

我受到的羊肉教育，也是从涮羊肉开始，愈吃愈想吃更膻的，有什么好过内蒙古的烤全羊？整只羊烤熟后，有些人切羊身上的肉来吃，我一点儿也不客气，伸手进去，在羊腰附近掏出一团肥膏来，是吃羊的最高境界，天下最美味的东西。古时候做官的，也知道这肥膏，就是民脂民膏了。

吃完肥膏，就可以吃羊腰了，腰中的尿腺当然没有除去，但由高手烤出来的，一点儿异味也没有，只剩下一股香气，又毫无礼貌地把那两颗羊腰吃得一干二净。其他部分相当硬，我只爱肋骨旁的肉，柔软无比，吃完已大饱，不再动手。

记得去前南斯拉夫吃的烤全羊，只搭了一个架子，把羊穿上，铁枝的两头各为一个螺旋翼，像小型的荷兰风车，下面放着燃烧的稻草，就那么烤起来。风一吹，羊转身，数小时后大功告成。

拿进厨房，只听到砰砰砰几声巨响，不到三分钟，羊斩成大块上桌。桌面上摆着一大碗盐，和数十个剥了皮的洋葱。一手抓羊块，一手抓洋葱，像苹果般咬，点一点盐，就那么吃，最原始，也最美味。

挂羊头，卖狗肉这句话，也证明大家说最香的狗肉，也没羊那么好吃。我在中东国家旅行，最爱吃的就是羊头了。柚子般大的羊头，用猛火蒸得柔软，一个个堆积如山，放在脚踏车后座，小贩通街叫卖。

要了一个，十块钱港币左右，小贩用报纸包起，另给你一点盐和胡椒，拿到酒店慢慢撕，最好吃的是面颊那个部分，再拆下羊眼，角膜像荔枝那么爽脆。抓住骨头，就那么把羊脑吸了出来，吃得满脸是油，大呼"朕，满足也"。

到了南洋，印度人卖的炒面，中间有一小小片羊肉，才那么一点点，吃起来特别珍贵，觉得味道更好。他们用羊块和香草熬成的羊肉浓汤，也美味。一条条的羊腿骨，以红咖喱炒之，叫为"笃笃"。吃时吸羊骨髓，要是吸不出，就把骨头打直了向桌子敲去，发出笃笃的声音，骨髓流出再吸，再笃，再吸，吃得脸上沾满红酱，曾和金庸先生夫妇一块尝此道菜，吓得查太太脸青，大骂我是个野人。

羊肉也可以当刺身来吃，中东人用最新鲜的部分切片，淋上油，像意大利人的生肉头盘。西餐中也有羊肉鞑靼的吃法，要高手才调得好味。洋人最普通的做法是烤羊架，排骨连着一块肉的那种，人人会做，中厨一学西餐，就是这一道菜，已经看腻和吃腻了，尽可能不去点它。

在澳大利亚和新西兰，羊比人还要多，三四十块港币就可以买一条大羊腿，回来洗净，腌生抽和大量黑胡椒，再用一把刀子，当羊腿是敌人，插它几十个窟窿，塞入大蒜瓣，放进焗炉。加几个洋葱和大量蘑菇，烤至叉子可刺入为止，香喷喷的羊腿大餐，即成。

至今念念不忘的是台湾的炒羊肉，台湾人可以吃羊肉当早餐，羊痴一听到大喊发达，他们的羊肉片，是用大量的金不换叶和大蒜去炒的，有机会我也可以表演一下。

听到一个所谓的食家说："我吃过天下最美味的羊肉，一点儿也不膻。"心中暗笑。广东人也说过：羊肉不膻，女人不骚，天下最美味呀。吃不膻的羊肉，不如去嚼发泡胶。

秋天，是吃鲤鱼的最好季节

秋天到，是吃鲤鱼的时候了。香港人虽说喜欢吃游水鱼，但对活鲤却而恭之，认为不是海鱼，有泥土味，又传说鲤鱼有毒，对孕妇不宜，更加没什么人去碰，菜市场中也罕见了。

一向听老人家说肇庆的鲤鱼最好，没试过，直到六十年代末期，在"裕华国货"的食物部看到一尾，貌无奇，身略瘦，也买回来养。烹调时肚子一剖，鱼卵涌了出来，至少有整尾鱼的三分之二的重量，才知厉害。清蒸，肉香甜无比，肇庆鲤鱼实在好吃。在餐厅吃鲤鱼，若卖的是死的，那么鳞蒸出来后扁平，鳞坚起，才是生剂的，不可不知。

鲤鱼喜欢沉于江底或湖底，吃水草时带泥，洋人亦称之为"吃底的Bonom Feeders"，大家都以有泥味而远之。其实它生命力很强，食前养个三天不会死，泥味尽失。

古代中国人最尊敬鲤鱼了，认为可以变龙，黄河鲤最佳，只指今河南这一段的鲤鱼，它冬眠前要大量进食，最为肥美了。为什么叫"鲤"呢？李时珍考："鲤鳞有十字文理，故名鲤。"鲤鱼脊中一道的鳞，皆为小黑点，从头到尾，不管鱼多大，都是三十六鳞，是它独特之处。

友人到了日本，见少吃淡水鱼的日人，也会把鲤鱼做刺生，起肉片片，扔于冰水之中，让肉结实，叫为"鲤洗（Koi No Arai）"，大为惊奇。

其实，日本人只是把中国人吃鱼生的传统保留下来罢了。古人食鲤，刚开始时用于作脍，《诗经》有云："饮御诸友，炰鳖脍鲤。"脍，就是吃生鱼片了。可惜，这一门艺术，至今已消失得无影无踪，就算最拿手做鱼生的潮州人，也只用鲩鱼。鲤鱼刺身，只可跑到日本去吃。

也别以为洋人不会吃鲤鱼，有水稻田的地方就生长鲤，最粗糙的吃法是去了鳞，斩成一段段，油炸算数。还是意大利人较有文化，在米兰到威尼斯之间，最肥沃的水田中抓到活鲤，就把米塞进鱼肚中，再煮熟来吃，其味极之鲜甜，为人生必尝之美食之一。

当今，法国普罗旺斯一带的湖泊中，也生了很多鲤鱼，他们每年举行一次比赛，看什么人钓得最大最多，纪录是一尾十二公斤，二十六英磅。钓起来后就放生，也不去吃它。法国菜里有关鲤鱼的记载不多。比赛中优胜者也没什么奖状，求满足感而已。

鲤鱼到了唐朝，命就好了。唐朝规定人民不准吃鲤，因为和皇帝姓李有关，唐朝钓得鲤鱼即放，仍不得吃，号赤鱼军公，卖者决六十。决六十，打六十大板之意。宋朝后，鲤鱼又有难了，出了一个宋嫂，很会烧鲤鱼，皇帝吃了赐金钱一百文，绢十匹，此事一传，公子哥儿互相争之。"宋嫂鱼羹"后来被厨子做得愈来愈复杂，最初不过是用旺火灼过，后以慢火煮三四分钟，保持鱼本身的鲜味罢了。

粤人吃的显然只是湖鲤，并无长江跳龙门那么活跃，档次不高。做法也只是姜葱煀鲤之一类。所谓煀，是炸后再焖，鱼给他们那么一"煀"，鲜味就减少了。还是北方人把鲤鱼和萝卜滚汤，比较能吃到原汁原味。

潮州人较能欣赏鲤鱼，通常他们认为要辟去鲤鱼的泥味，可用腌制得软熟的酸梅，蒸鲤鱼的时候，把酸梅铺在鱼上，煮汤时也加入酸梅，过年必食。

肉是其次，潮州人注重吃鱼子。广东人卵子叫"春"，精子叫"荻"。潮州人认为精子较卵子好吃。试过之后，觉得二者都有独特的味道，精子香甜之余，有如丝似绵的口感，犹胜猪脑；卵子略嫌粗糙，亦好吃，可称得上是穷人之鱼子酱也。

四川人也很会吃鲤鱼，他们用豆板酱来煮。鲤鱼生性逆水而上，肉中有劲，而筋特别坚韧，四川人懂得在削鲤鱼时把筋抽掉，肉就松化，是烹鲤高手。馆子一遇到熟客，见削的鱼只有卵子，就把邻桌叫的精子偷来给你一份，精卵同碟上，这世界并没有公平的事。

鲤鱼的吃法变化无穷，有所谓吃"软溜"的，鱼先用油浸，再和配料用糖醋一起猛火收汁，使鱼肉软如豆腐，味道甜中带酸，酸中透咸。鱼肠、鱼肝和鱼鳔也可一齐炒，叫为"佩羹"，腐烂的吃法是用酒糟腌制，此法在日本琵琶湖边还流传着。

最残忍的没试过，只是听闻，古时开封有个厨子，用一块黄色的蛋丝包裹鲤鱼，油炸鱼身时淋上浆，使蛋丝不离鱼，鱼不离蛋丝。上桌，鱼鳃动而张嘴，菜名叫"金网锁黄龙"，名字可美，但愿此君到了地府，遭阎罗王拔舌，为鲤鱼报仇。

印度尼西亚人在湖边搭了间茅屋，任客人挑选鲤鱼，金色的和红白相间的，多得是，照吃不误，做法是油炸两次，炸到骨头全部松化，点辣椒酱来吃，香甜无比。每次经过日本人的锦鲤鱼池，都想起印度尼西亚吃法，恨不得都炸来吃，被骂为野人一名，也笑嘻嘻。

一边托住蟹的尊贵，
一边享受它的美味

通常，用一种食材，做出种种不同的菜，都叫什么什么宴的，但以螃蟹入馔，蟹宴的称呼似乎不够，应该用三天三夜也吃不完的满汉全席来形容，叫为蟹满汉。

从凉菜算起，北海道的大师傅把一只大蟹钳的壳剥了，用快刀左横切数十刀，右横切数十刀，放入冰水，蟹肉就像花一样展开，最后功夫，燃了喷火枪在表面上略微烧一烧，就可上桌。肉半生熟，点山葵和酱油吃，是天下美味。

潮州人的冻蟹，原只清蒸后摊冻，没有其他调味，鲜甜味觉也表露无遗。

醉蟹是上海的传统名菜，把活生生的大闸蟹浸在花雕酒里，味渗入蟹膏，那种甘香醇美是煮熟的蟹中找不到的。当今的新派上海菜，加了话梅、红枣和花椒，浸个五天，什么蟹味酒味香味都没了。

还是我母亲的醉蟹做得好，她早上到市场买了两只最肥美的膏蟹，回家洗净劏开，去了内脏，斩成六件，蟹钳用刀背拍碎，然后倒入三分之一瓶的酱油，兑了一半盐水，加一小杯白兰地，和大蒜瓣辣椒一齐生浸到晚上，就能吃了。上桌前把糖花生拍磨成末撒上，再淋白米醋，甜酸辣香，是最完美的醉蟹。

法国人的海鲜盘中，冰上放的泥蟹是煮熟的，但味道不像中国人批评那样失掉，还是很鲜甜。有时也会碰上全身是膏，连蟹脚也黄的西洋黄油蟹呢。

更多的冷蟹吃法，已不能一一细数，我们要进入蒸的阶段了。大闸蟹是所有螃蟹之中拥有最强烈的滋味的，清蒸黄油蟹也卖得很贵，但便宜的澳门特产的奄仔蟹也很不错。各有各的爱好，不能说谁比谁更佳。

新派菜中的蟹黄蒸蛋白，雪白的蛋白上，铺了蟹膏，一橙一白鲜明亮丽，叫人赏心悦目。但是两者完全不能结合，蛋白是蛋白，蟹膏是蟹膏，就算渗着来吃也是貌合神离。建议年轻师傅把蟹肉拆了混进蛋白中，反正两者都是白色，不影响色调，就能配合得天衣无缝。冬瓜蒸蟹钳是懒惰人的吃法，虽说啖啖肉，但吃螃蟹全不费功夫，味道也跟着减少，不如干脆去吃蟹粉小笼包吧！

蒸螃蟹还有另一境界，那就是台南人做的红蝇蒸饭。蝇，闽语蟹的叫法。这道菜也许是福建传来，蒸笼底铺上荷叶，糯米和蒜蓉上面放一只膏蟹，蒸得蟹汁全流入干爽不黏口的糯米饭中，加上荷香，百食不厌。

泰国的螃蟹粉丝煲有异曲同工的效果。吃起来，粉丝比蟹肉更美味。

煲完，轮到炆了。很奇怪地，苦瓜和螃蟹配合得极佳。一般的粤菜馆喜欢加很厚的芡，看了就讨厌。而且他们有时竟将苦瓜煮过再去和炸煮的螃蟹炆，苦瓜软得溶化看不见，蟹炸得无味，更是大忌。烧这道菜的功夫在于苦瓜和螃蟹一起炒，再拿去炆。苦瓜选厚身的，才不那么容易炆烂。

炆完，轮到焗。蟹斩件，加鸡蛋、肥猪肉、芫荽、葱和陈皮一块放入钵内，蒸个八成熟，再用烈火将外层烧到略焦，是东莞的名菜。洋人只会做焗蟹壳，把肉拆了，混粉，装入蟹壳中焗出或油炸，已认为是烹调螃蟹的大变化。这道菜又被二三流厨子滥做，当今见到，怕怕。

谈到炸，是一门很高深的学问。什么叫作炸？是单纯地把食物由生变熟罢了，不能留下油腻。全个日本也只有几家人的天妇罗炸得像样，绝对不是美国人的炸薯仔条那么简单。把螃蟹炸得出色的，是潮州人的蟹枣，以马蹄和蟹肉当馅，猪网油包之，然后再炸。当今的皮改为腐皮，油为植物的，粉多肉少，已不是食物，沦为饲料了。

螃蟹一瘦，就变成水蟹了，这时用来煲粥，加上白果、腐竹、陈皮和瑶柱更佳。但是最重要是用海蟹而不是淡水蟹，把野生海水青蟹养个几天，让它更瘦更干净，活着入煲煮之，有点残忍，但给会欣赏的人吃了，生命也有个交代。

凡是用蟹来煮的汤都很鲜甜，马赛的布耶佩斯也要有螃蟹，螃蟹煮水瓜加点冬菜，也是一绝。

数螃蟹的种类，天下有五千种。铜板大的泽蟹，在居酒屋中炸来整只细嚼，有阵蟹味，聊胜于无。最巨大亚拉斯加蟹，只吃蟹脚，蒸熟后放在炭上烤，让蟹壳的味道熏入肉中，更上一层楼。

我自己最拿手的，是从渔家学到的吃法，最简单不过：弄个铁镬，烧红，蟹壳朝下放入，撒大量粗盐到盖住整只螃蟹为止，猛火焗之。闻蟹香，即可起镬，盐在壳外，肉不会太咸，鲜美无比。

另一个方法在印度果亚学到，把蟹肉拆开，加咖喱粉和辣椒、椰浆煮成肉酱，醒胃刺激。

避风塘炒蟹是从"喜记"老板廖喜兄学的，以豆豉为主，蒜蓉次之，配以野生椒干和新鲜指天椒。功力只有廖喜的十分之一。但是我的胡椒蟹可和他匹敌，最重要是不先油炸，用牛油把螃蟹由生炒至熟，加大量的粗磨黑胡椒炒成。

最受友人欢迎的还是我做的普通的蒸螃蟹，将蟹洗净斩件，放在碟上，蒸个几分钟？看蟹有多肥瘦而定，全靠经验，教不得人，失败数次就成功。秘诀在于蒸好之后淋上几滴刚炸好的猪油。啊，谈来谈去又是猪油。我怎能吃素？做不了和尚也。

金瓜米粉做得好，
任何人都会爱你

曾经在《蔡澜食典》一书中提到南瓜。翻阅，发现菜谱有不足之处，当今补充。

先正名，若有个"番"或"胡"字，是经波斯和印度传来。西瓜已有，为什么我们不叫东瓜或北瓜而叫南瓜呢？当然是由南洋传过来。日本人叫南瓜为Kabocha，而叫柬埔寨为Kanbocha，也许也证实了原来在柬埔寨种的吧？我不是学者，姑且听之，但南瓜这个名字，总比不上闽南和潮州人叫的"金瓜"。

品种不少，绿色、鲜红和带斑点的皆有，但金黄色居多，叫为金瓜最恰当了。大起来有数百斤重，四个大人抱不起；小巧的有如玩具，苹果般大。也有圆形和瓢形，似柚子的，最适合做菜，可以去掉种子，刮下瓜肉，填入其他食材。

我们到菜市场去，常只注意菜心、芥兰、白菜之类的蔬菜，忘记了金瓜。夏天，没有经过寒霜的蔬菜都不甜，是吃金瓜的最好时节。

记得小时候妈妈做的，切块后煎一煎，已是佳肴。南洋人还喜欢做好咖喱，填入金瓜中，蒸熟或焗熟后捧到桌上，热腾腾香喷喷，印象犹深。

泰国菜的"荷月",就是一个例子,把鱼虾和贝壳类放进金瓜中,吃时发现金瓜好吃过海鲜。

但是做得最精彩的,是台湾人的金瓜炒米粉,正宗做法,详细的过程如下:

先将金瓜刨丝,备用。金瓜丝分成两份:大的可以先炒至糊,当成汤浆混入米粉之中;小的那份后下,和米粉一起炒熟,只求扮相,不然看不到金色,就名副其实地"逊"了。

米粉要用新竹的细条米粉,浸一浸清水则可,不必用滚水泡。要泡的是虾米,泡完之水留着,如果炒米粉炒得太干时可以放下。其他材料有肉丝、香菇丝和韭菜,等等,不放也行,但豆芽不可缺少,椰菜也得加。上桌时可立刻上爆香的小红葱头碎。

很少人懂得,但是炒金瓜米粉的精髓在于台湾人叫蚋仔的小蚬,去壳取肉,留汁,大量使用。

下油,当然要用猪油,爆香了蒜茸和虾米,将蚬肉、肉丝、香菇丝、椰菜丝和金瓜丝加在一起炒,炒至金瓜丝变成糊状,肉丝和小蚬的菜汁流出为止。这时就能将米粉和小部分的金瓜丝放进锅中,勤力翻炒。有些人不用锅铲,以一双筷子将米粉分散,不让它黏在一起。

秘诀在于炒至八分熟时,加泡虾米的水,另把易熟的豆芽和韭菜放进去,兜了一兜,上锅盖,让它焖一焖,焖至汤汁完全进入米粉之中。打开锅盖,下生抽,再兜一下,大功告成。小蚬、猪肉丝和虾米丝加上金瓜,已够甜,味之素免用。

通常整桌菜,金瓜米粉最后才上,吃得再饱,看见这道,也要多添三大碗。

台湾人娶媳妇,先考她们炒米粉,普通炒米粉吓不倒奶奶,你们要是照我的方法炒个金瓜米粉,一定得到欢心,丈夫的,已生米煮成熟饭,讨不讨好不要紧,不过有这道金瓜米粉,任何人都会爱你。

如果嫌麻烦，就煮金瓜去也。用清水，水滚后把切块的金瓜放进去，要煮多少时间才熟？这完全看你家里的火炉有多猛，锅子有多大，金瓜的份量有多少，没有定法。但你可以一面煮一面用筷子插它，等到金瓜变得粉，就行了。骗人的方法，可以在水中加糖，当大家问你金瓜为什么那么甜，你说用的是最贵的日本金瓜好了。

煎也容易，但记得要用猪油，一用植物油就不香了。最好是爆小红葱头片，广东人叫干葱的，那就会香上加香了。金瓜片别切得太厚，否则难熟。怎么才知道熟了没有？按照煮的方法，用筷子试呀。

金瓜磨成茸的做法更多，亦不难。放进搅拌器中打一打即是。西洋人最爱用来做汤了，一点本领也没有。金瓜已甜，连糖也不必下，他们会加奶油制成，洋厨最爱用奶油了，什么都加，唉。我们做的金瓜汤，只要切片就是。切得很薄，煮个二十分钟，最后才把鱼片放进去煮。如果先把鱼骨、葱、姜熬一熬，先做好汤底，味道更佳。

金瓜粥和番薯粥有异曲同工的效果，切块煮之则可。要不然，学洋人磨成茸，放入粥中煮，滚后打了鸡蛋进去。搅匀了，两者皆为金黄色，非常悦目。要考究可铺上火腿丝，选最瘦最好的部分，用吃鱼翅时切丝的做法去做。

包成水饺的话，何必每次都是用蔬菜那么单调？把金瓜切丝，加猪肉碎、虾米，或鲜虾亦可，就是另类的水饺，做成锅贴亦然。

甜品更是千变万化了，莫说潮州人的金瓜芋泥了，上海人的八宝饭，也可以填入金瓜之中。金瓜也可以加糯米粉做成汤丸，颜色就和白的不同。加西米可做布甸，当然不能忘记西洋人做的金瓜披萨薄饼。单单磨成金瓜汁，煮它一煮，就好喝过豆浆了。

朴实与奢华的美食清单

电视上的饮食节目,都是一辑辑拍的。一辑有十三集,分十三个星期播,前后三个月,又称一季。这次我做的那个已多出两集,共十五集。拍摄完毕,本来以为可以休息一阵子,但接电视台来电,称收视高,要添食,多来五集。临时的增加,令我乱了阵脚。

要再拍些什么呢?本来可以把《随园食单》或者《金瓶梅》菜谱再现的,友人又建议来《红楼梦》宴,但我觉得前二者是广东人说的外江佬菜,在香港未必做得好;《红楼梦》宴又给做得太滥了,不值得再去花功夫。

想了又想,最后决定其中一集,重现陈梦因先生的《食经》中的一些小菜。和"镛记"的老板甘健成兄商量,他也认为大家做的都是粤菜,比较有把握。

回家后把《食经》重翻一遍,选出几道,虽然不是山珍海味,全是普通食材,做法有些也简单,只是教了我们窍门,乘"镛记"的师傅达肯做,留记录给后辈的有心人。

一、干焙大豆芽。将大豆芽截尾,在镬内焙至极干,切生姜、葱白,和面豉在油镬爆过,下大豆芽同炒即成,虽是廉宜的菜,吃来甘香可口。

二、肉心蛋。蛋尖扎小孔，取出蛋白。用筷子伸入蛋，搅烂蛋黄，亦取出。瘦肉三分二，剁成糜；肥肉三分一，切为小粒。加姜汁、盐、酒拌匀，缓缓倒进蛋壳中，至半，再倒蛋白，才用白纸将孔封固，蒸至熟。吃时开壳，点麻油、生抽。

三、酿虾蛋。鸡蛋煲熟，破之为二，取出蛋黄，加鲩鱼、鲜虾、冬菇、葱白剁成茸，搅之至够匀，酿进蛋黄空位，炸至金黄。

四、蒸猪肝。用姜汁、生油、生抽、酒将猪肝腌过，加金针菜和云耳蒸熟即成，但猪肝不经腌制的话，则不滑。

五、镬底烧肉。有皮猪腩肉一斤切成方形，抹以酱油和蜜糖备用。铁镬中盛白米二斤，猛火煮沸。用镬铲将饭拨开，放入腩肉，皮向下，以汤碗封住，再把白米铺上，随即上镬盖。慢火焗至白饭熟透，而猪肉同时烧熟。味甘香鲜美，一如烧肉。

六、酿荷兰豆。把鲜虾、半肥瘦猪肉、冬菇和虾米剁碎，打至胶状，酿入荷兰豆荚，煎熟即成。

七、猪杂烩海参。海参浸透备用。猪粉肠、猪心等切件先烩，海参后下。上碟前，用幼竹串好切成薄片的猪肝，油泡仅熟，再与其他配料同炒，即成。要是猪肝不另外处理，则会太硬。

八、煮虾脑。说是虾脑，不过是虾汁。剪下虾头，用刀背拍至扁碎，以布包之。用力将虾汁绞出，加冬笋和火腿片生炒。盐、酒、胡椒少许，煮滚即成，吃时虽不见虾脑，却有鲜浓的虾味。

九、合浦还珠。活虾去壳，刀开薄片，包核桃仁一粒、肥猪肉一粒，卷成珠状，蘸蛋白和生粉，炸至金黄。

十、蟹肉焗金瓜。蒸熟肉蟹去壳取肉。金瓜去皮，切成方块。加鸡蛋和调味，放入焗炉里焗熟即成。

十一、番薯扣大鳝。番薯去皮切成骨牌形，蘸上炸浆，炸透备用。鳝肉用网油包住，另把大量的蒜头炸香。起红镬，稍爆豆豉，然后放入鳝肉，加水扣之。上碟时先以番薯垫底，吃鳝后，再吃吸收了鳝汁的番薯。

十二、酥鲫鱼。这道菜主要是教人怎么"酥"。先用橄榄多枚，去核舂烂，用橄榄的渣滓同汁把鲫鱼腌过。然后将已滚的油镬移离灶口，放鲫鱼进去，等滚油把鱼泡熟，以碟盛之。待鲫鱼完全没有热气后，又用油镬慢火将鲫鱼炸透，它的硬骨就会变酥。酥的秘密在用榄汁腌过，炸两次的作用是避免将鱼炸至焦黑。

十三、黄酒鲤鱼炖糯米饭。用一斤重的公鲤、糯米一斤、黄酒一斤。鲤鱼剖净，不去鳞。洗糯米，以炖器盛之，加入鲤鱼和黄酒，隔水炖至饭熟即成，吃时淋上酱油和猪油。

十四、梅菜酿鲤鱼。鲤鱼剖净，辣椒切丝，梅菜心切粒，用油镬炒过，加少许糖和盐，然后将梅菜酿入鱼肚里。起红镬，爆椒丝，再下豆瓣酱，稍兜过，加水烧至滚，最后放入已酿好梅菜的鲤鱼，红火炆两小时。

十五、什锦酿蛋黄。蛋一定要用鸭蛋，鸭蛋黄的皮厚，可酿；鸡蛋蛋黄皮薄，不能用。用尖器在鸭蛋黄上开一个胡椒粒般大的小孔，将剁碎的半肥瘦猪肉、马蹄、虾仁、香芹和冬笋炒熟后酿入。鸭蛋黄皮有伸缩性，可酿到苹果一样大，这时再放蛋白，煎至熟为止。

十六、通心丸。一颗肉丸子，里面是空的，以为一定很难做，讲破了就没什么。原来是把猪油放入冰箱冻硬，包以猪梅肉、虾米、葱白剁成的肉糜。放进汤中煮熟，猪油溶在丸中，就是通心丸了。

十七、姜花肉丸汤。上面那道通心丸子，滚了汤，加入姜花，即成。很多人不知道姜花煮起来又香又好吃的。

十八、炒直虾仁、弯豆角。虾仁炒起来是弯的，豆角是直的，怎么相反？原来是把那条豆角无筋的那一边，用薄刀每隔一分割上一刀。每一条割七八十刀，炒起来就曲了。虾仁用牙签串起来，炒后还是直的，再把牙签拔掉就是，这道菜好玩多过好吃。

早一辈师傅留下的食谱，千变万化，是一个宝藏，有待我们去发掘，老的菜还没有学会，搞什么新派菜呢？

用素食来表达对生活的热爱

最近有缘认识了一群佛家师父，带他们到各斋铺吃过，满意的甚少，有机会的话，想亲自下厨，做一桌素食孝敬孝敬。

"你懂得吃罢了，会做吗？"友人怀疑。我一向认为欣赏食物，会吃不会做，只能了解一半。真正懂得吃的人，一定要体验厨师的辛勤和心机，才能领略到吃的真髓。"是的，我会烧菜，做得不好而已。"我说。

"你写食评的专栏名叫《未能食素》，这证明你对斋菜没有研究，普通菜色你也许会做几手，烧起斋菜来，你应付得了？"友人又问。《未能食素》是题来表现我的六根不清净，欲念太多罢了，并不代表我只对荤菜有兴趣。不过老实说，自己吃的话，素菜和荤菜给我选择，还是后者。贪心嘛，想多一点儿花样。

斋就斋吧！我要做的并非全部自己想出来的，多数是以前吃过，留下深刻印象，当今将之重温而已。

第一道小菜在"功德林"尝过，现在该店已不做的"炸粟米须"。

向小贩讨些他们丢掉的粟米须，用猛火一炸，加芝麻和白糖而成。就那么简单，粟米须炸后变黑，看不出也吃不出是什么东西，但很新奇可口。将它演变，加入北京菜的炸双冬做法，用冬笋和珍珠花菜及核桃炸得干干脆脆，上面再铺上粟米须，这道菜相信可以骗得过人。

接着是冷盘，用又圆又大的草菇。灼熟，上下左右不要，切成长方片；再把新界芥兰的梗也灼熟，同样切为长方，铺在碎冰上面，吃时点着带甜的壶底酱油，刺身吃法，这道斋菜至少很特别。

做多一道凉菜，买大量的羊角豆，洋人称之为"淑女的手指"。剥开皮，只取其种子。另外熬一大锅草菇汁来煨它，让羊角豆种子吸饱，摊冻了上桌，用小匙羹一羹细嚼，羊角豆种子在嘴中咬破，啵的一声流出甜汁，没尝过的人会感稀奇吧。

接着是汤了，单用一种食材：萝卜。把萝卜切成大块，清水炖之，炖至稀烂不见为止。将萝卜刨成细丝，再炖过。这次不能炖太久，保持原形，留一点唧嚼的口感，上桌时在面上撒夜香花。

事先熬一锅牛肝菌当上汤，就可以用来炆和炒其他材料了。买一个大白菜，只取其心，用上汤熬至软熟，用意大利小型的苦白菜做底，生剥之，铺成一个莲花状，再把炆好的白菜装进去，上面刨一些庞马山芝士碎上桌。芝士，素者是允许的，买最好的水牛芝士，切片，就那么煎，煎至发焦，也是一道又简单又好吃的菜。

油也可起变化，弃无味之粟米油，用首榨橄榄油、葡萄核油、向日葵油或腌制过黑松菌的油来炒蔬菜，更有一番滋味。

以食材取胜，用又甜又脆的芥兰头，带苦又香的日本菜花，甚有咬头的全木耳，吸汁吸味的荷叶梗等清炒，靠油的味道取胜。苦瓜炒苦瓜，是将一半已经灼熟，一半完全生的苦瓜一齐炒豆豉，食感完全不同。把豆腐渣用油爆香，本来已是一道完美的菜，再加鲜奶炒。学大良师傅的手法炮制，将豆腐渣掺在牛奶里面炒，变化更大。

这时舌头已觉寡，做道刺激性的菜佐之。学习北京的芥末墩做法，把津白用上汤灼熟，只取其头部，拌以酱料。第一堆用黄色的英国芥末，第二堆用绿色的日本山葵，第三堆是韩国的辣椒酱，混好酱后摆回原形，三个白菜头有三种颜色，悦目可口。

轮到炖了，自制又香又浓的豆浆。做豆浆没有什么秘诀，水兑得少，豆下得多，就是那么简单。在做好的浓豆浆中加上新鲜的腐皮，炖至凝固，中间再放几粒绿色的银杏点缀一下，淋四川麻辣酱。

已经可以上米饭了，用松子来炒饭太普通，不如把意大利粉煮得八成熟，买一罐磨碎的黑松菌罐头，舀几匙进去油拌，下点海盐，即成。再下去是意大利白松菌长成的季节，买几粒大的削成薄片铺在上面，最豪华奢侈。

最后是甜品。潮州锅烧芋头非用猪油不香，芋头虽然是素，但已违反了原则，真正斋菜连酒也不可以加，莫说动物油了。只能花心机，把大菜膏溶解后，放在一锅热水上备用，这样才不会凝固。云南有种可以吃的茉莉花，非常漂亮，用滚水灼一灼，摊冻备用。这时，用一个尖玻璃杯，把加入桂花糖的大菜膏倒一点在杯底，枝朝上，花朵朝下，先放进一朵花，等大菜膏凝固，在第二层放进三朵，以此类推，最后一层是数十朵花，把杯子倒转放入碟中上桌，美得舍不得吃。

上述几道菜，有什么名堂？我想不出。最好什么名都不要。我最怕太过花巧的菜名，有的运用七字诗去形容，更糟透了。最恐怖的还是什么斋乳猪、烧鹅、叉烧、卤肉之类的名称。心中吃肉，还算什么斋呢？

百种人，百样米

在法国南部旅行，每一顿都是佳肴，但吃了三天，就想念中国菜，其实也不一定是咕噜肉或鱼虾蟹，主要的还是要吃白饭。

意大利好友来港，我带他到最好的食肆，尝遍广东、潮州、上海菜，几餐下来，他问："有没有面包？""中餐厅哪来的面包？"我大骂。他委屈地："其实有牛油也行。"

刚好是家新加坡餐厅，有牛油炒蟹，就从厨房拿了一些，此君把牛油放在白饭上，来杯很烫的滚水冲下去，待牛油溶了，捞着来吃，这是意大利人做饭的方法，也只有让他胡来了！

一种米，养百种人，这句话说得一点也没错，况且世上的米，不下百种。我们最常吃的是丝苗，来自泰国或澳洲，看样子，瘦瘦长长，的确有吃了不长肉的感觉，怕肥的人最放心。日本米不同，它肥肥胖胖，黏性又重，所以日本人吃饭不是从碗中扒，而是用筷子夹进口，女性又爱又恨，爱的是它很香很好吃，恨的是吃肥人。

香港的饮食，受日本料理的影响已是极深，就连米，也要吃日本的，我们的旅行团一到日本乡下的超级市场，首先冲到卖米的部门，回头问我："那么多种，哪一样最好？"价钱不在他们的考虑之中，反正会比在铜锣湾崇光百货买便宜，我总是回答："新潟县的越光，而且要鱼沼地区生产的，有信用。"

但是鱼沼米还不是最好，最好的买不到，那是在神户吃三田牛时，友人蕨野自己种的米。他很懂得浪费，把稻种得很疏，风一吹，蚜米虫就飘落入水田中，如果贪心，种得很密的话，那么蚜虫会一棵传一棵。种出的米，表面要磨得深，才会好看。这一来，米就不香了，他的米只要略磨，所以特别好吃。向他要了一点，带回家，怎么炊都炊不香，后来才发现家政助理新买了一个电饭煲，炊不好日本米。

不过这一切都是太过奢侈。从前在日本过着苦行僧式的生活时，连日本米也不舍得吃，一群穷学生买的是所谓的"外米Gaimai"，那是由缅甸输入的米，有些断掉了只剩半粒。那么粗糙的米，日本人只用来当成饲料，我们都成为"畜生"，但当年是半工读的，也没什么好抱怨。念完书后到台湾工作，吃的也是这种粗糙的米，他们叫为"在来米"，不知出自何典。那有什么蓬莱米可吃？

蓬莱米是日据时代改良的品种，在台湾经济起飞，成为"四小龙"时，才流行起来。口感像日本米，如果你是台湾人当然觉得比日本米好吃。我试过的蓬莱米之中，最好吃的是来自一个叫雾社的地区，那里的松林部落土著种的米，真是极品，但怎么和日本米比较呢？可以说是不同，各有各的好吃。

始终，我对泰国香米情有独钟，爱的是那种幽幽的兰花香气，是别的米所没有的。这种米在越南也可以找到，一般米一年只有一次收成，越南种的有四次之多，但一经战乱，反过来要从泰国输入，人间悲剧也。

欧洲国家之中，英国人不懂得欣赏米饭，只加了牛奶和糖当甜品，法国人也只当配菜，吃得最多的是西班牙人和意大利人，前者的大锅海鲜饭

Paella闻名于世；后者的Risotto（调味饭）混了大量的芝士，由生米煮成熟，但也只是半生，说这才有口感Al Dente（硬一点），其中加了野菌的最好吃。

意大利人也吃米，是从《粒粒皆辛苦（Bitter Rice）》一片中得知，但那时候的观众，只对女主角施维娜·玛嘉奴（Silvana Mangano）的大胸部感兴趣，我曾前往该产米区玩过，发现当地人有种饭，是把米塞进鲤鱼肚子里做出来，和顺德人的鲤鱼蒸饭异曲同工，非常美味。意大利人还有一道鲜为人知的蜜瓜米饭，也很特别。

亚洲人都吃米，印度人吃得最多，他们的羊肉焗饭做得最好，用的是野米，非常长，有丝苗的两倍，炒得半生熟，混入香料泡过的羊肉块，放进一个银盅，上面铺面皮放进烤炉焗，香味才不会散。到正宗的印度餐厅，非试这道菜不可，若嫌羊膻，也有鸡的，但已没那么好吃了。

马来人的椰浆饭也很独特，是第一流的早餐。另有一种把饭包扎在椰叶中，压缩出来的饭，吃沙爹的时候会同时上桌，也是传统的饮食文化。新加坡人的海南鸡饭，用鸡油炊熟，虽香，但也得靠又稠又浓的海南酱油才行。

至于中国，简单的一碗鸡蛋炒饭，又是天下美味。不过吃饭，总得花时间去炊，不如用面粉团贴上烤炉壁即刻能做出饼来方便。

但大家是否发现，人一吃饭，就变得矮小呢？中国人的子女一去到国外，喝牛奶吃面包，人就高大起来。日本人从前也矮小，改成吃面包习惯后才长高。印度尼西亚女佣都很矮小，如果她们吃面包，一定会长高得多。

吃饭的人，应该是有闲阶级的人，比西方人来得优雅。高与矮，已不是重要的了。

吃上一碗美美的炒饭，
便是世上最幸福的事

人类发现了米食之后，就学会炒饭了。炒饭应该是最普遍的一道菜，虽不入名点之流，最不被人看重，但其实是最基本最好吃的东西。

当中以扬州炒饭闻名于世，已有人抢着把这个名字注册下来，现在引用，不知道要不要付版权费？什么叫扬州炒饭？找遍食谱，也没有规定的做法；像四川的担担面，每家人做出来的都不同。扬州炒饭基本上只是蛋炒饭，配料随便你怎么加。我到过扬州，也吃过他们的炒饭，绝对没有一吃就会大叫"啊！这是扬州炒饭呀"的惊喜。

和炒面一样，炒饭最主要是用猪油，才够香。其他香味来自蛋，分两种：把蛋煎好，搞碎了；混入饭中的，和把蛋打在饭上，炒得把蛋包住米粒上的。后者甚考功夫，先要把饭炒得很干，每一粒都会在镬上跳动时，才可打蛋进去。不断地翻炒，炒到一点蛋碎也看不见，全包在饭上，才算及格。

饭与面不同，较能吸味，所以炒时注重"干"，而非炒面注重的"湿"，面条不容易接受配料的汤汁，故要以高汤煨之，饭不必。配料则是你想到什么是什么，冰箱中有什么用什么，最随意了。一般用的是猪肉、腊肠、鱿鱼、虾、叉烧，等等，都要切成粒状，吃起来才容易能和饭粒一块扒进口，样子也不会因为太大块而喧宾夺主。

蔬菜方面，豆芽、韭菜等都不适用，因为太长了，和饭粒不调和；很多人喜欢用已经煮熟的青豆，大小不会相差得太远。其实大棵的蔬菜也可入馔，只要切成丝就是，生菜丝也常在炒饭中见到，较为特别的是用芥兰，潮州人的蛋白芥兰炒饭，一白一绿相映成趣，味道也配合得极佳。用蛋白来炒，一般人认为胆固醇较低，瘦身者尤其喜爱。但是炒饭中的蛋，若无蛋黄，就没那么香了，这是永恒的道理，不容置疑。

广东的姜汁炒饭可以暖胃，大家都以为是把姜磨后，用挤出来的姜汁来炒，其实不然。只用姜汁，不够辛辣，要用姜渣才够味，这是粤菜老师傅教的。

如果食欲不振，那么炒饭要浓味才行，这时最好是下虾膏，有了虾膏刺激胃口，这一碟炒饭很难做得失败，只要注重别放太多，过咸就不容易救活了。流浮山餐厅中的虾膏炒饭，用当地制的高质虾膏，再把活生生的海虾切块，一起炒之，单单这两味材料，就是一碟非常出色的炒饭。

炒饭中加了咸鱼粒，也是一绝，但不可用太干太硬的马友鱼，（鱼曹）白也不行，它多骨。最好的是又霉又软的梅香，注意将骨头完全去掉就是。

凡是吃米饭的国家，都有它们特色的炒饭，已经成为国际酒店中必有的名菜印度尼西亚炒饭（Nasi Goreng），做法是用鲜鱿鱼肉和虾，加带甜的浓酱油炒出来，上桌之前煎一个蛋，铺在饭上，再来两串沙爹，一小碟点沙爹的酱放在碟边，就是印度尼西亚炒饭了。但是在印度尼西亚吃的完全不是这种方法，和中国人做的一样。

印度人则不太吃炒饭，和移民到南洋印度人炒的面一样，加点红咖喱汁去炒。他们又常把饭用黄姜炒了，加点羊肉，再放进砂锅中去焗。焗多过炒，不在我炒饭范围内谈论。

韩国人虽也米食，但他们的饭食拌的居多，所谓的石头锅饭，也是在各种蔬菜中加了辣椒酱拌出来的。唯一见到他们的炒饭，是在他们吃火锅之后，把剩下的料和汤倒出来，放泡菜进去，炒得极干，再放回料和汤汁去煨。这时打蛋进去，最后加葱、水芹菜和海苔兜几下，炒得有点饭焦，才叫正宗。

日本的中华料理店可以找到炒饭，但这一味中国菜，他们怎么学都做得不像样，可能是他们不会用隔夜饭，又因为日本米太肥太黏之故。反而是他们吃铁板烧时，最后将牛肥膏爆脆，再放饭和蛋去炒的，做得精彩。

到了西方，西班牙人做的海鲜饭也是焗，只有意大利的Risono才像炒饭，他们用的多是长条的野米，先把牛油下镬，一边生炒野米一边下鸡汤，也下白餐酒，炒到熟为止，最后撒上大量的Parmesan芝士丝，大功告成。配料任加，有香肠、肉片、海鲜，等等，甚至于水果也能放进去炒它一炒。

这种炒法，在什么地方看过？原来是生炒糯米饭的时候。此门技术最高超，米由生的炒到熟，非历久的经验和力大的手腕不可。糯米又容易黏起来，一定要不断翻炒才行，用野米的话，就没那么辛苦。我想马可·波罗学回去的，就是生炒糯米饭了。

戏法人人会变。母亲一听到儿女肚子饿了，找出昨夜吃剩的冷饭，加点油入锅，炒一炒，打个鸡蛋下去，兜两下即成，看见孩子们吃得津津有味，老怀欢慰，就此而已。

但是这个印象永留至今，如果问说天下炒饭，哪一种最好吃？那当然还是慈母的了。

变着花样吃羊肉，
温暖整个冬天

这次去北京，主要为中央电视第一台录一个农历新年节目，从初一到初七，每天播一集。内容谈的又是饮食，其实讲来讲去，都是一些我发表过的意见，但电视台就是要求重复这个话题，并叫我烧六个菜助兴。

事前沟通过，我认为既然要示范，一定得做些又简单又不会失败的家常菜，太复杂的还是留给真正的餐厅大师傅去表演。

导演詹末小姐上次在青岛做满汉全席比赛的评判时合作过，大家决定第一天烧"大红袍"这道菜，其实和衣服或茶叶无关，只是盐焗蟹，取其型色及吉利。把螃蟹洗净放入铁锅，撒大把粗盐，上锅盖，焗至全红，香味四喷，即成。

第二道是妈妈教的菜，蔡家炒饭。第三为龙井鸡，用一个深底锅，下面铺甘蔗，鸡全只，抹油盐放入，上面撒龙井，上盖，四十分钟后，鸡碧绿。第四道煲江瑶柱和萝卜，加一小块瘦肉，煲个四十分钟，江瑶柱甜，萝卜也甜，没有失败的道理。第五道为姜丝煎蛋，让坐月子的太太吃，充满爱心。

第六道编导要求与文学作品有关，红楼宴和水浒餐已先后出笼，故选了金庸先生《射雕英雄传》的"二十四桥明月夜",是黄蓉骗洪七公武功时做的菜,要把豆腐酿在火腿里面。这道菜镛记的甘老板和我一起研究后做过,其实也不难,把火腿锯开,挖两个洞,填入豆腐后蒸个四五小时罢了。

一切准备好,开拍的那天还到北京的水产批发市场去买肥大的膏蟹及其他材料,然后进摄影厂。化妆间内遇两位主持,一男一女。女的叫孙小梅,多才多艺,拉的一手好小提琴。前一些时候还看到她用英语唱京剧,人长得很漂亮。

男的叫大山,是个洋人,原来这位老兄还是个大腕,常在电视中表演相声,遇到的人都要求和他合照和索取签名。加拿大人的他,说得一口京片子,比我的国语还要标准。大山在节目中说他一年拜一个师傅,去年拜的还是作对联的,今年要拜我做烧菜的师傅。我说 OK,不过有个条件,那就是让我拜他作国语老师。

大家都很专业,录像进行得快,本来预算三天的工作,两天就赶完。电视台安排我们住最近的旅馆,有香格里拉和世纪金源大饭店的选择。他们说前者已旧了,不如改为后者吧,是新建的,我没住过,试试也好。

世纪金源大饭店位于海淀区板井路上,是个地产商发展的,附近都是他们盖的公寓。酒店本身也像一座座的住宅,又是和我上次住的王府井君悦一样,为弯弯的半月建筑。

补其不足的是地库有个所谓的不夜城,里面有很大的超市、夜总会、桑拿、足底按摩、的士高和各类商店,最主要的是有很多很多的特色餐厅,二十四小时营业。

我们抵达那天就第一时间去一家北京小店吃东西,看见一锅锅的骨头,肉不多,用香料煮得热辣辣上桌。菜名叫羊蝎子,与蝎子无关,骨头翘起，像只蝎子的尾巴，故名之。这锅羊肉实在吃得痛快，不够喉，还要了白煮羊头、羊杂汤和炒羊肉，等等。来到北京不吃羊，怎说得过去。

当天晚上又去吃羊，在同一个海淀区中有家出名的涮羊肉店叫"鼎鼎香"的，那里有像"满福楼"一样的生切羊腿，不经过雪藏，由内蒙古直接运到，肉质柔软无比，羊膻味恰好，连吃好几碟。又来甲羊圈，全肥的。最后试小羊肉，味道不够，但肉质更软细，吃得大乐。

第三天再跑去不夜城市，选家湖北菜馆，本来想叫些别的，但菜单上的羊肉有种种不同的做法，忍不住又再叫了一桌子羊。

节目录完，监制陈晓卿请我们到一家叫"西贝"的西北餐馆。地方很大，每间房都有自己的小厨房，称之什么什么家，我们去的那间，就叫蔡家。

蒙古人当然吃羊啦，羊鞍子是一条条的羊排骨，用手撕开来啃肉，味道奇佳。我看菜单上有烤小羊，要了一碟，陈晓卿脸上有点你吃不完的表情，但一碟子的羊那么多人吃，怎会吃不完？一上桌才知道是一整只的小羊，烤得很香脆，照吃不误。接下来的，都是羊肉。

来北京之前听说这个冬天极冷，零下十五度。从机场走出，天回暖，是四五度吧？因为衣服穿得多，出了整身汗，酒店房间的热气十足，关掉空调还是热，只有请服务员来打开窗子才睡得着觉。电视摄影棚灯光打得多，又热了起来，餐厅更热，全身发滚。

没有理由那么热吧？后来发现羊肉吃得多，热量从体内发出。这个北京的冬天所流的汗，比其他地方的夏天更多。

食在重庆，火辣辣

这次在重庆四天，认识了当地电视台节目制作人唐沙波，是位老饕，带我们到各地去吃，真多谢他。这群人是专家，每天要介绍多家餐厅，由他们选出最好的介绍给观众，所制作的节目是"食在中国"，我这篇东西就叫"食在重庆"吧。

到了重庆不吃火锅怎么行？这简直是重庆人生活的一部分，像韩国人吃泡菜，没有了就活不下去。火锅，我们不是天天吃，分不出汤底的好坏，下的食物都大同小异，但重庆人不那么认为，总觉得自己常光顾的小店最好。我们去了集团式经营的"小天鹅"，位于江边的洪崖洞，当地人称为"吊脚楼"的建筑，一共十三层，从顶楼走下去，相当独特。

主人何永智女士亲自来迎，她在全国已有三百多家加盟店。尽管当地人说别的更好，但我总相信烂船也有三斤钉。成功，是有一定的道理。

坐下后，众人纷纷到料架上添自己喜欢的料。像腐乳、芫荽、韭菜泥、葱，等等。我也照办，回桌后，何女士说："那是给游客添的，我们重庆人吃火锅，点的只是麻油和蒜茸。"

把拿来的那碗酱倒掉，依照她的方法去吃，果然和锅中的麻辣汤配搭得恰好。其实麻辣火锅谈不上什么厨艺，把食材放进去烫熟罢了，但学会了何女士教的食法，今后，吃麻辣火锅时依样画葫芦，也能扮一个火锅专家呀。这一课，上得很有意义。

一面吃，一面问下一餐有什么地方去，已成为我的习惯。早餐，大家吃的是"小面"。一听到面，对路了。下榻的酒店对面就有一家，吃了不觉有什么特别。去到友人介绍的"花市"，门口挂着"重庆小面五十强"的横额，一大早，已挤满客人。

所谓小面，有干的和汤的，我叫了前者，基本上是用该店特制的酱料，放在碗底。另一边一大锅滚水，下面条和空心菜渌熟后拌面时吃，味道不错。另外卖的是豌豆和肉碎酱的面，没有任何料都不加的小面那么好吃。当然，两种面都是辣的。

朝天门是一个服装批发中心，人流特别多，小吃也多。看到一张桌子，上面摆了卤水蛋、咸蛋、榨菜、肉碎，等等，至少有十六盘，客人买了粥、粉条或馒头，就坐下来，菜任吃，不知道怎么算钱的。行人天桥上有很多档口，卖的是"滑肉"，名字有个肉字，其实肉少得可怜，用黑漆漆的薯粉包成条状，样子倒有点像海参，煮了大豆芽，就那么上桌。桌上有一大罐辣椒酱，有了辣，重庆人不好吃也觉得好吃起来。

另一摊卖饼，用一个现代化的锅子，下面热，上面有个盖，通了电也热，就那么一压，加辣椒酱而成。制作简单，意大利披萨就是那么学回去的吧？最初看不上眼，咬了一口，又脆又香，可不能貌相。这家人叫"土家吞脆饼"，还卖广告，叫人实地考查，洽谈加盟。每市每县，特准经营两家。在香港的天水围大排档区要是不被政府抹杀的话，倒是可以干的一门活。

中午，在一家无名的住宅院子里吃了一顿住家饭，最为精彩。像被人请到家里去，那碟腰花炒得出色，餐厅里做不出来。因为每天客满，又不能打电话订位,只有一早去,主人给你一张扑克牌,一点就是第一桌,派到五六桌停止。每桌吃的都是一样的,当然又是辣的。这种好地方,介绍了也没用,而且太多人去,水平反而下降,我们能尝到,是口福。

吃了那么多顿辣菜,胃口想清净一点,问"食在中国"的制片主任苏醒,有什么不辣的菜吗?苏醒人长得漂亮,名字也取得好。

"我走进成都的馆子,可以点十五道不辣的菜。"我说。"重庆的当然也行。"她拍胸口。翌日下午拍摄节目时,她又向我说:"我已订了一桌,有辣有不辣。""不是说好全是不辣的吗?"她只好点头。

晚上,我们去了应该是重庆最高级的餐厅"渝风堂"。在车上,我向美亚厨具的老总黄先生说:"重庆人除了辣,就是辣。这一餐,如果不出辣菜,我就把头拧下来放在桌子上。"

地方装修得富丽堂皇,主人陈波亲自来迎。上的第一道凉菜,就是辣白菜,我笑了出来。"不辣,不辣。"重庆人说,"是香。"我摇摇头。接着的菜,的确有些不辣的,但都不精彩。陈波看了有点儿担心,结果我说:"别勉强了,你们餐厅有什么感到自豪的,就拿出来吧。"

这下子可好,陈波笑了,辣菜一道道上,农家全鱼、水煮牛肉、辣鱼、辣羊肉、辣粉羔肉,等等,吃得我十分满意。

临上飞机,还到古董街去吃豆腐脑,他们的食法很怪,要和白饭一块吃。两种味道那么清淡的食物怎么配得好?请别担心,有麻辣酱嘛。

到处都可以看到卖羊肉的招牌,不吃怎行?到一家叫"山城羊肉馆"的老店,想叫一碗羊杂汤,没有!原来又是像火锅一样,把一碟碟的生羊肉、羊肚、羊肠放进去煮,最好吃的,是羊脑。羊痴不可错过。

羊痴们在寻觅与坚守中获取美味

天下老饕,到了最后,问他们吃过肉哪一种最好,答案必定是羊肉!比起鸡猪牛,羊的味道很独特,怀着强烈的个性,只有厌恶和极喜,并不存在吃也可以不吃也可以的灰色地带。

对于素食者,我们这般人都是嗜血的猛兽,这一点也没说错。羊吃草而生,跑得不快,我们不繁殖的话早就被狮子老虎吞个绝种。它不看门,也不耕作,活着是贡献来养活别的动物。而且佛家也说过,没亲自屠宰,还可原谅,我们安心吃羊去也。

这回在广州,去老友李文强、李文平两兄弟的"新兴饭店",谈起羊,大家都有以上的同感。"新兴"专卖羊肉,由一家小店,开了一间又一间,当今的昌岗中路店共有三层,装修得堂皇,但并无俗气,挤满了好羊者,气氛极佳。

先来杯羊奶,从鲜牛奶的玻璃瓶子包装中倒出。以为会很膻,其实我也不怕,愈膻愈好。喝进口,只觉又香又浓,带点儿甜,又有些咸,味道真美妙。小时候喝羊奶,是印度人带着两条草羊到家门口,要了一杯,现挤现饮。据说很补,但小孩子懂得什么叫补?只觉得香味不逊牛奶就是。这种羊奶愈喝愈过瘾,怕在香港没得供应,今后只有考虑自己当代理商了。

第一道菜上的就是用羊奶来浸星斑，鱼和羊得一个鲜字的道理，发挥得淋漓尽致。这道菜非常精彩，羊奶入馔的可能性极大，还可以创出更多的煮法，即请行政总厨蔡宗春一齐来研究。自己享受过意不去，决定举办一个羊痴大聚会，召集各位一试。依照惯例，一吃就要十五个菜。传统的做法不能忘记，来一个店里拿手的羊腩煲，点以他们独创的酱汁，不像别地方的腐乳酱那么简单。白切羊不可少，是第三道菜。第四来个羊丸，做得比台湾贡丸更爽脆。第五的羊杂汤，用羊腰羊肝羊肚和羊心好了。羊肺十成比不上猪肺，可免之，是第六道。

别以为这些传统菜不特别，师傅的厨艺好坏，有天渊之别。如果要吃得广东话中的"溜"一点，那么第七道葡萄羊明镜一定满意。那是羊眼睛做的菜，不觉得恐怖，有如吃荤荔枝，我助手徐燕华最钟意了，是第七。

第八道把羊肉酿进海参中去炆出来。羊奶豆腐还是以羊奶当原料，但做起大菜来太寡，和李氏兄弟及蔡总厨研究后，加入羊脑，味就浓了，是第九。第十道也是共同研究出来，大家说少了用羊骨髓入馔，就想出了以猪皮和高汤采熬骨髓，最后做成冻。

少了蔬菜，取羊腩浓汁来浸唐蒿好了，第十一。十二是沙茶羊肉炒芥兰。十三羊水饺。十四羊炒面，第十五以羊奶布甸收场。

和我们一齐想花样的还有何世晃先生，他今年七十二岁，十二岁入行做点心，有六十年经验，如果在日本，已是国宝级的人物。何先生和我一拍即合，许多在食物上的思维都是一致的。有机会遇到这位大师，当可放过？即刻请他老人家出马，为我们设计一餐怀旧点心宴，同样是十五个菜，中间加入创新的也行。

由何大师想出来的快要失传老点心有：一、灯芯花扁豆粥。二、蟹盖猪油包。三、双色萝卜糕。四、虾酱排骨。五、肉松咸蛋糕。年轻的朋友连名字也没听过,大感兴趣。我说这次来的都是羊痴,是否可做羊肉点心?何大师即刻设计了手撕羊春卷,是第六。

第七银耳羊奶挞,第八盐焗羊片角,第九羊奶生肉包,第十羊奶脆皮布甸,是一枝枝如蛋卷般的上桌。回到怀旧点心,娥姐粉果每个人做的不同,何大师的手艺不可不试,是第十一道菜。虾饺呢?他说有种叫金银虾饺的,第十二。高汤鱼皮面更是传统菜,第十三。甜的呢?有第十四道的杞子马蹄糕。沙琪玛大家吃得多,咸的有没有试过?何大师已叫厨房做好了拿出来。这道沙琪玛是不能吃甜的人的恩物,加入代糖,不是太甜,但又下了盐,味道配合得极佳,是第十五道菜。

就那么决定了。羊痴大聚会的行程如次:乘早上十点多的直通车,十一点多抵达广州,即去"新兴"吃羊宴,下午购物或沐足等自由活动,晚上去我朋友开的穆斯林餐厅,又是大吃羊肉,还有新疆女郎载歌载舞,入住白天鹅酒店。翌日早餐,回到"新兴"吃怀旧点心宴后,直通车返港。不设观光,羊痴们对风景都不太有兴趣。

不想搞太大的团,不然控制不了水平,最多是八十位左右。团费由直通车来往的钱,加旅馆租和三餐吃的,我们不收利润。讨厌羊肉的人不准参加,否则搞搞震(粤语,表示调皮,喜欢恶作剧),又说要吃别的东西,才不理会呢。和他们谈羊肉,就像与女人研究须后水,对方不会明白的。

真是把臭味坚持到了骨子里

去顺德拜访杨金在先生，本来谈完事我要告辞的，但杨先生热情，拿出已订好的菜单，说非吃一顿饭不可，盛意之下，我只好改掉广州的约会。

菜单上写着：一、风味炖响螺。二、银纸蒸鸡。三、西杏凤尾虾。四、七彩烧汁鳝柳。五、鲮鱼球啫啫鲍鱼。六、椒盐酿沙虫。七、银杏百合鲜核桃炒水蛇片。八、瑶柱绿豆扣田鸡。九、南乳芝士椰菜煲。十、甜品有香芋卷饼和淡沙包。

地点在顺峰山庄，由总经理罗福南招呼，他也是顺德饮食协会会长。到达之后，被安排在一个幽静的厅房，隔着玻璃窗，可看到外面的小桥流水。

我吃饭一向不喜欢鲍参翅肚，只爱地道传统，进食环境不拘，服侍周不周倒也是其次。和罗经理见了面，和他商量起来。

"响螺太名贵了，可不可以改一个特别一点儿的汤？""行。"罗经理说，"不如要芫荽沙虫生蚝鱼头汤吧！"这个汤一听名字已知鲜甜，即刻拍手赞好。

"西杏凤尾虾，变不出什么花样，加了西杏，会不会弄出不伦不类的东西？"我心里那么想，但口中说，"虾吃得多，不如来鲥鱼吧！""好，改成鱼塘公炆鲩鱼。""鲍鱼也贵,弄个普通鲮鱼如何?""好,就用榄角来清蒸大鲮鱼。""水蛇片我也不吃了。""好,改个水鱼吧,是野生的。"

一听到有野生水鱼,不管对方怎么做,总是甜美:"下一道的瑶柱绿豆扣田鸡是怎么一个煮法?"我只是问问,罗经理以为我不吃田鸡,就说:"好,我们来个鲫鱼二味,豉汁蒸头腩和生菜鲫鱼片粥。"

"至于蔬菜,"我说,"我对芝士没有什么信心。""好。"罗经理说,"改个最普通的顺德生炒菜远!"

"喂,喂,喂。"主人翁杨先生笑着说,"你那么改,把所有的菜都改掉了!"我说:"椒盐酿沙虫和甜品都可以试试看。""银纸蒸鸡也别改了。"罗经理说,"我们特创的。"

"好。"这次轮到我说好了,"但是可不可以加一道顺德最出名的鱼皮角呢?顺德人每一个都说他的妈妈的鱼皮角做得最好,这是他们最自豪的菜。""好。"罗经理说,就那么决定下来。

想起从前有一位小朋友拿着石头给我改,我看了他的印章的构图,多余地方甚多,留白之处也不够,就抓了刀,一刀一刀像切豆腐般给他删掉,冯康侯老师修改我的篆刻也是那么一回事儿。身边一位友人看了甚不为然,觉得不应伤到对方的自尊心。

但是菜馆是不同的,我并非做修改,是与对方共同研究有什么更地道的食物,所以这次也不客气了。到了我这个年纪,吃一餐少一餐,不能对不起自己。总之,抱着诚恳的态度,不会有什么失敬之处。

芫荽沙虫生蚝鱼头汤上桌,果然不出所料,精彩万分。沙虫是种很甜的食材,生蚝够鲜,鱼头骨多,当然甜上加甜。又有芫荽来中和,汤滚得乳白颜色,是大师傅的手艺。用一个比饭碗大两倍的汤碗盛着,一人一碗，众人全部喝光，大声叫好！

广东人一向主张来个老火汤，但汤一煲上两个钟头以上，味太浓，多喝会留在肠胃中。不是每天能进食的东西，偶尔喝喝这种现煮现饮的，是件好事。

榄角清蒸大鲮鱼是永远不会失败的，那尾鲮鱼也难得，来的个巨大，至少有二英尺半长，菜市场中罕见。肚腩部分是全无骨，肉细腻，油又多，加上榄角的惹味，这尾鲮鱼又给我们吃得干干净净。

银纸蒸鸡是由污糟鸡改良过来的，里面并没有污糟鸡的黑木耳和腊肠片来吊味，就嫌寡了。改良的是在铁盘上铺了一层银纸，我吃了大失所望，后悔没坚持把这道菜改掉。

鱼塘公炆鲩鱼只要鲩鱼够大够肥，火候猛，这道菜一向很稳阵。

河鲜要是做得好，材料上等的话，不逊海鲜，而且价钱要来得便宜，那尾大鲫鱼分成两味，豉汁蒸的头腩中还有大量的鱼春，每人分一口，将鱼春干掉。

生菜鲫鱼粥是我在顺德吃过，印象最深的。他们的师傅个个都有水平，鲫鱼多骨，能将骨头全部切成碎段，也只有在顺德人才做得好。

最后的鱼皮角不论口感和滋味都是一流的，但是角边缘迭合处有机械性规则的凹凹凸凸，看了倒胃。罗经理解释："师傅看到你来，用一个铁模子把饺皮印出来，以为那才好看。"

众人都笑了出来，这点小疵并不影响大局，谢谢主人家杨先生请的这一餐，他在顺德土生土长，近来常尝改良过的顺德菜，也说宁愿吃这种最地道最传统的。

美食之都的经典八餐

从尖沙咀的中港城码头，乘上澳门制造的水翼船，直奔顺德，船内放映周润发主演的片子，应该是没有版权的海盗版，也有两三间小房，供应客人打麻将，是晕船人的福音，只要集中精神打麻将，风浪多大也不要紧了。

容奇是个港口，因为有容山和奇山而得名，和顺德县城大良接连，但自立为镇，感觉上相当尖沙咀或港澳码头到市中心的距离罢了。下午四时半抵达，已不见太阳，顺德和许多内地的工业都市一样，都是污染得厉害。

所谓食在广东，其实是食在顺德，此行目的不是来呼吸新鲜空气，目的在于吃、吃、吃。给当地的朋友半哄半骗下，拉去参加他合伙人的喜宴。好，既来之，则安之，喝杯新抱茶。

大酒店内的宴席，新鲜蔬菜之外，没有什么印象，但那些来敬酒的局长院长公安，都是海量，白兰地当水喝。看内地人那么消耗干邑，法国佬一定笑得不见眼，心中暗想：回到香港第一件事是先调查什么地方可以买到法国股票，购入轩尼斯和马爹利的股份，是绝好的投资。

好在顺德的婚宴速战速决，六时半吃到七点半，即刻散会。一个局长醉后大嚷："洞房的大好日子，为什么要六点半举行，应该改为六点十五分，至少翘他一翘。"顺德人即使是做官的，也有一点幽默感。

饭后不甘心,马上去吃大排档,听顺德人说,没有哪一家最好,间间都有水平。在容奇的夜市,大排档不像其他地方一样集中在一处,而是零零丁丁,这里一档,那里一档。

一试之下,跪地膜拜,味道好得出奇。先来一煲水蛇粥。水蛇切得一节节地捞起当菜,粥中撒上芫荽、葱和生菜丝。再加点胡椒。啊、啊,无比地鲜甜!一点儿味精也不放。水蛇肉块骨多,质地硬,没什么吃头。伙计说椒盐水蛇肉才软熟,就再来一碟,果然不错。

但是水蛇肉本身就甜,谈不上手艺,再叫一个鲫鱼粥,大师傅的功力完全地表现出来了,鲫鱼是那么多骨的东西,竟然给他片得一片片的,连细骨也不见,粥与水蛇一样地甜美,佩服得五体投地。

吃完在夜市逛,到处都卖月饼,四大块才九元人民币,生意并不好,大家抢购一盒一百多块的香港琼华。

回到下榻的酒店,是"仙泉酒店"的别墅式的房间,宽敞舒服,放下行李后即刻去"仙泉"的芬兰浴室。

布置堂皇,用大理石和君悦酒店中的花纹木料,不逊香港的浴室。浴花们都是外地劳工,顺德人说他们是广东最富庶的地方,都不屑做这种工作。但哪会每个女子都有钱?中国人太爱面子,也有可能在其他地方出现顺德浴花吧。

服务水平一流,价钱只是香港的一半。松完骨已是半夜一点多,朋友说再找大排档,来个炒排骨上桌,每块排骨大小一样,骨上包着一层薄肉,看起来像一碟蚕豆,爆得香脆软熟。

炒了个米粉,只配出几片猪肉,其他材料一律不加,在香港哪看得上?但是这里炒得火候够,味上乘,连吞三大碗,加多四五个小菜,四五瓶珠江啤酒，才七十多块人民币。

倒床即睡，第二天六点，见他人还没起来，自己便赶着去吃出名的双皮炖奶。所谓双皮，是把牛奶滚熟后凝固成皮，倒出剩余的奶汁，让皮留在碗底，另加蛋白和鲜奶再炖后凝固一张新皮在上面。功夫傲足，但味道麻麻。

九点的早餐在仙泉的餐厅吃，经过小庭园时看到一棵松树，由中间剖成两边，只剩下一半单独地生存，真有奇趣。虾饺烧卖都好吃，牛肉有肉味和弹牙，特别的是看到一碟碟的鱼皮，友人说是鲩鱼皮，但看不见格子般的花纹，一问之下，是大鱼皮，试过后觉得比鲩鱼皮脆得多。

接着去逛菜市场，看到鲋鱼干买下等候中餐时叫餐厅用大蒜和酒来蒸。又见另一种鱼皮，原来是生鱼皮，比大鱼皮更脆。

到西山庙，当然不是看什么古迹，这里有出名的姜撞奶，原来把牛奶煮熟后倒入姜汁中，即凝固。搅它一搅，又化成液体，觉得太甜，用白兰地送之，恰好。

大良市中心到处卖名土产崩砂，安了一个石字边，写成硼砂，是油炸饼，硬得要命，不应叫崩砂，可改为崩牙。

午餐餐厅有个像曼谷土耳其浴室的金鱼缸，里面养的是名副其实的鸡，任由客人指名点之，和香港鸡一比，的确多出许多鸡味，白灼之后用蚬酱点之，不吃鸡的香港人也抢着扫个清光。

鲋鱼又肥又大，在香港吃不到。还有小鲨鱼，切成一段段，用大蒜头、烧肉等炆煮，味美浓郁，肉滑，一上桌香气扑鼻，令人垂涎欲滴。

上船之前再来一碟云吞捞面，没有澳门做得好，顺德人不大吃面。短短二十四小时，吃了八餐，不虚此行。

找到老饕，
才能吃到正宗的台湾菜

到台湾，绝对不能去高级餐厅吃东西，他们的上海菜不像上海菜，广东菜不像广东菜，总之没有一间是正宗的。至于日本料理，更是气死人，台湾朋友以为好大面子地请我去，指着一块粉红色的鱼，大叫："Toro！Toro！"其实那并不是金枪鱼的肚腩部分，是一种旗鱼Kajiki Maguro的次等鱼，钓到了，旗鱼飞跃，血倒流，白肉变成粉红色罢了。但是尝试解释给他们听，他们立刻发脾气，说你不识货乱讲！

较像样的还是他们的四川菜，这一点我承认香港一直没有好好发扬，香港吃得过去的四川菜馆不多，台湾每间都有点儿水平。湖南菜也不错，福州菜更好，香港根本就吃不到福州菜。

典型的福州菜包有红糟和醋溜。红糟鸡、猪、羊，颜色鲜美，吃进口中，一股酒味，肉松化，是他们至高的文化。如果你不是醉客，那叫他们的醋溜腰子好了。一个腰子切成四大片，整齐地割着花纹，把锅子中的油爆得冒烟时，将猪腰、海蜇皮头、油炸鬼块一齐扔进去，淋上糖醋，即起。腰子入口即化，海蜇头弹牙，油炸鬼吸汁，酸酸甜甜，可吃白饭三大碗。

谈到他们的白饭，是用一个个的小麻绳篓盛着米，隔水蒸熟。侍者把蒸熟白饭的篓子一挤,香喷喷的一团饭倒在你面前的空碗中,包你没吃过那么好的白饭。

喜欢吃面的话,福州海鲜面是一绝,用整只的膏蟹,加虾、鱼片、墨斗、蛏子等八九种海产熬了的汤,变成乳白色。在黄颜色的油面煨了一煨上桌,和白饭的水平一样,再次包你没有吃过那么好的面。

但是来到台湾吃什么福州东西?最上乘的当然是光顾地道的台湾餐。你向朋友要求,他们即刻抓头皮,因为他们也没吃过台湾餐。台湾没有台湾餐,那不是开玩笑吗?的的确确,一般上只有"青叶""梅子"餐厅等台湾小吃,正式的台湾餐,要找到台湾老饕才能找到。

台湾餐份量很足,一席十个菜,十二个人也吃不完,要是人数少,可叫"半席",那只有五味。

头盘的冷热荤是在一个大盘中盛着鲍鱼片,这是不经炮制,把罐头鲍鱼切片,就此而已。多春鱼的柳叶鱼是炸的,有十二尾。五香卷用猪肉、肉猪肝等以腐竹皮包了炸香切片。卤肉,猪的五花腩卤后切片。炸鱼片,当天有什么新鲜鱼就用什么鱼炸成一团团地,沾日本丘比婴儿牌的沙律酱吃。林林总总的花样中,最惹人注目的是中间摆的响螺肉,响螺先前在台湾很珍贵,几乎吃不到新鲜的,他们的响螺也不是香港的那么巨大,只是像在日本观光地烧着卖的蝾螺Sazae,拳头般大,弃其肠壳,只有颗栗子那么小的螺肉,装进小罐头中。上桌时,为表示货真价实,整罐罐头放在盘中,还可以看到未完全打开的铁盖上的锯子痕。

接下来的菜很特别,名堂叫不出,台湾等基本上是福建菜,汤水特别多。像蒸鲳鱼,潮州是用碟子盛,他们的蒸鲳鱼可以说是"煮鲳鱼",用咸酸菜、肥猪肉丝、香菇丝、芹菜加红辣椒丝等蒸之,蒸时用了大量的汤,以大碗分盛后上桌。客人除了吃鱼肉和配菜之外,还用汤匙喝汤;

酒徒不喜欢吃东西，只喝汤，特别合胃口。

有些菜干脆用整个锅上桌，锅中的东西有点像新界的盘菜，是一层层的。最下面用大粒的蛤蜊铺底，加一层芋头，芋头上铺的是：一层炸过的排骨、一层粉丝、一层白菜、一层猪杂、一层冬菇、一层鱼肉、一层韭菜黄再一层鸡肉、一层蛋卷，等等，数之不清，整锅东西加了大量上汤炖个数小时，你说味道鲜不鲜甜？

海参的做法是用葱、姜、绍酒把海参发了之后，煮鸡汤、猪肉汤，把肉扔掉，留汤煨之，再将猪肚、猪舌、鸭肝、鸭肫、冬笋等爆后捞起，加莲子、切成小块的猪脑拌后炒之，味道错综复杂，绝非红烧海参或虾子海参那么简单。

上面四种只是副菜，主菜为台湾式的佛跳墙，单单是材料有：一、鱼翅。二、鱼唇。三、刺参。四、干贝。五、鲍鱼。六、鱼肚。七、火腿。八、猪蹄尖。九、猪蹄筋。十、猪肚。十一、羊肘。十二、鸭。十三、鸡。十四、鸡肾。十五、鸡蛋。十六、冬菇。十七、冬笋。十八、红萝卜。十九、酱油。二十、酒。二十一、茴香。二十二、冰糖。二十三、桂皮。二十四、葱白。二十五、姜。二十六、猪油。炮制方法和时间不赘，已知是绝品。

最后有台湾炒面和炒米粉，其实只是这两样，已经饱腹。台湾菜的师傅已经卖少见少，能够享受一次，是福气。

到台湾如果吃不到台湾菜的话，那只好吃街边小吃，包括有：卤肉饭、排骨饭、牛肉面、苦瓜排骨汤、切仔面、蚝仔面线、烤香肠、杠丸汤、猪血汤、金菇鱿鱼羹、金不换炒羊肉，等等，我的口水已经流个不止……

一次去台湾，为了谈生意，被人家请到来来饭店的沪菜厅。主人客气地问道：太太呢，怎么不一齐来？我板着脸地：“她去吃大排档，她比我幸福。”

一餐正宗的澳门菜，
吃得心满意足

我们到澳门去拍电视饮食节目，一共两集，监制问我："那么多菜，要怎么分法？""澳门有了外资赌场后，变化极大。不如这样吧，第一集拍所有豪华奢侈的，第二集回归平淡，是从前的澳门留给我的印象。"监制没有意见，随我胡来，但为我安排好一切，这个节目少了她，就没拍得那么顺利。

老友周忠师傅给米高梅请去，在新酒店中创办了"金殿堂"餐厅，非捧场不可。他为我们准备了五个菜，埋单盛惠一万三千。

"万寿果"是周忠独创名菜，出现在三十多年前的凯悦酒店中餐厅，万寿果就是木瓜，构想出自冬瓜盅，他将之改为夏威夷木瓜，里面炖的材料和冬瓜盅一样，不过已变成一人一份。最初功夫多，卖不起价钱，我建议加上海胆，他照做，结果大受外国客人欢迎，因为他们都不惯和别人分来吃。从此香港卷起一阵热潮，中菜成为可以一人份一人份像西餐那么上，我并不赞同这种吃法，但外国友人喜欢，我也没话说。当今这道菜，名字是"云丹海虎翅万寿果"，加入粗大的翅、海胆、松茸等，都是贵货。

"吊烧鹅肝金钱鸡"依古法炮制，本来的金钱鸡是一片鸡肝、一片叉烧夹着一片肥猪肉，豪华版不用肥猪肉了，有钱人都怕胖嘛，就改了一片法国鹅肝和一片鲍鱼菇，叉烧则照旧。"黑松露油泡龙脷球"的主角当然是龙脷，起了肉，将鱼骨整片炸脆来伴碟，龙脷和黑松露一起炒完上碟，其实骨头比肉更好吃。"乌鱼子露笋炒龙虾球"的龙虾也是全只上，但只剩下壳当装饰，肉则和台湾的乌鱼子夹着吃。"葱爆鸡枞菌和牛"顾名思义，是用日本牛肉来炒四川的鸡枞菌。

最后的"官燕珊瑚柴把菇"，主角是中间的那团燕窝，上面加点鱼子酱。珍贵的反而是配角的"柴把菇"，将蔬菜削成长条，再用瓢丝捆绑，像捆着木柴一样，这是古老菜之一，已没人那么有空去做了。

接着拍摄的喂了三十六个月橡木果的黑蜗牛吧，鱼子酱吧，香槟吧，等等，又有意大利白松露宴。早餐是在我们的套房厅中吃，把整套龙虾火腿都搬了出来，还有鲍鱼，豪华之极。最后当然没有忘记澳门最早的高级法国餐厅"Robuchon"，它仍旧保持那么高的水平。

来澳门拍摄，不去大三巴好像说不过去，但我向监制MarKar说："这太过单调了，不如请澳门小姐一齐参加。"女主持苏玉华、Amanda S和黄字诗都赞成。"人多了才好玩。"她们说。

主办了那么多届，今年的才算正式，来了冠军的吕蓉茵、季军的伍家怡和友谊小姐陈小玉。吕蓉茵一直有加入旅游业的志向，她为人亲切和蔼，是干这一行的料。季军伍家怡在竞选时排"七"号，和名字最巧合了。"伍"字和"五"发音一样，中间的"家"字和"加"相同，最后的"怡"字，广东话念成"二"。五加二，刚好是七。友谊小姐陈小玉是舞蹈演员出身，跳得一手非常好的中国古典舞。

"想带我们去哪一家餐厅吃东西？"她们问。我说："有没有去过澳门退休人士协会，吃土生澳门菜？"大家都摇头。

一般人以为澳门菜就是葡萄牙菜，其实大有分别。澳门菜是吸收了葡萄牙菜的做法，加上中国人的口味变化出来。像葡萄牙最著名的烤乳猪，澳门的不只是烧烤那么简单，是在乳猪下面加了饭，饭是用乳猪肉碎和蔬菜加白饭炒个半生熟，再把乳猪放在上面焗出来。乳猪滴下来的油混入饭中，那种美妙的滋味是其他饭难找的，在烹调技巧上，不逊西班牙的海鲜饭（Paella）。

乳猪饭上桌，大家吃得津津有味，三位香港的女主持没吃过，澳门小姐更说这是她们试过的最好一餐。再下来的是咸鱼、猪肉和虾酱一块炆出来的澳门菜，不必亲自试，单单听食材的配合，已知非常惹味。

大白焓就受葡萄牙菜影响极深，用猪皮、肉肠、血肠和大量椰菜煮出来。不同的是澳门做法没那么咸，菜汁可当汤喝，而肉类和蔬菜嫌淡时，就点虾酱吃。澳门人的虾酱是经过发酵的，源自非洲的葡萄牙殖民地，在开普敦有个马来村，也许是马来人把这种吃法带到马六甲，娘惹菜中也有虾酱咸鱼猪肉这道菜。

我们还吃了马介休球、烩牛面珠登、烩鸡饭、肉批、角仔、山椒牛肉、烧肠、咖喱毛茄虾和石凿，甜品有吞橙蛋糕、无花果大菜糕和经典的米糠布甸。

地道的澳门食肆，还有"兆记"的粥，是用木柴慢火煮出来的，"六记"的锦卤云吞，"祥记"的虾子捞面，"杏香园"的椰汁雪糕红豆西米凉粉甜品，"细龟"的炒河，"李康记"的豆花，"六棉"的酿青椒，等等，也没忘记我最爱去的营地街街市熟食档中的各种美味，和档主们都成了好友，像回到家里吃饭。

澳门一面已经繁华奢侈，另一面还是那么老旧，那么有人情味，虽说物价已经高涨，但我们去的地方最多贵个一两块钱。游客们赌完回去，澳门平民的日子，还是照样要过下去。这句话听起来甚是无奈，但澳门老百姓自得其乐，还是值得欢慰的。

经典潮州菜，
美味不失原生态

周游各地，新加坡的"发记"，应该是世界上最好的茶餐厅之一。地点在厦门街的旧区翻新建筑物之中，地方宽敞，带有浓厚的唐人色彩，装修则无中菜馆的花花绿绿，一切从简，以食物取胜。

老板李长豪，肥肥胖胖，四十几五十岁人，是当厨师的最佳状态。他整天脸露笑容，门牙中有一个小缝，平易近人。大师傅难不了他，有什么人不干就亲自下厨，当然，出品的水平的控制，食物的设计，都是出于他一个人。

从他的祖父到父亲身上学来的潮州菜，一点也没走样。当年辛辛苦苦从大排档做起，在同济医院旁的咖啡店煮炒到现在，数十年功夫。

最难得的是，翻江过海到南洋的华侨，勤奋地种下根后，菜式的变化不多。也许这是一种固执，但只有固执，才不会搞出令人闻之丧胆的Fusion菜来。又因为这些华侨中间无断层，李长豪的潮州菜，比在潮州吃到的更正宗了。什么叫正宗呢？举个例子吧。

鲳鱼，广东人不认为有什么了不起，因为它离水即死。不是游水的，不被重视。潮州人则不同，鲳鱼是上品，但会蒸的人，已不多，我怕这个古法消失，拍电视节目时特地跑回新加坡一趟，用摄影机记录下来。

过程是这样的，潮州人认为鲳鱼应愈大条愈好，取一条约两斤重的，只要蒸五分钟就熟。五分钟？怎么蒸？鱼身厚，面部太熟，底部还生呢？有办法，那就是在鲳鱼的两面横割深深的三刀，头部一刀，身上一刀，尾一刀，割至见骨为止。

这时，把两根汤匙放在底部的身和尾处，让整条鱼离开碟底，这一来蒸气便能直透。上面这边，则各塞一粒柔软的咸酸梅进割口处，头部以整条的红辣椒提起。

在鱼身上铺了切成细条的肥猪肉、姜丝、芹菜、冬菇片和咸酸菜，淋上上汤，汤中当然有咸味，不必加盐，最后是西红柿。以西红柿用来取味吗？不是，用来盖住鱼肚那部分，背上的肉很厚，腹薄，如此一来，才不会让蒸气把鱼肚弄得过火，这简直是神来之笔。

放入蒸炉中，猛火，的确是五分钟就能完成。蒸出来的鲳鱼，背上的肉翘起，像船上的帆，加上芹菜的绿，酸菜的黄、冬菇的黑，和辣椒的红，煞是好看，而那白色的肥猪肉则完全溶化在鱼身上，令肉更为柔滑。这才是潮州古法蒸鲳鱼，连去潮州也吃不到了。

在"发记"，还能吃到不少的失传潮州名菜，像"龙穿虎肚"，很多潮州人听都没听过。做法是拿一条条五六英尺长的鳗鱼，广东人叫花锦鳝，潮州人称之乌油鳗（亦叫黑耳鳗，因为它有两双黑耳），蒸到半熟，拆肉，拌以猪肉碎，再塞入猪大肠之中，炊熟后再煎的。

一般，我对鲍参翅肚没什么兴趣，像鲍鱼，卖到天价，吃来干什么？两头鲍早就尝过，还来什么二三十头？但是在"发记"做的，价钱相当合理，因为他们用的是澳洲干鲍，虽然肉质不及日本的，但胜在李长豪手艺好，搭救成一流料理。

程序是复杂的：浸十二小时，倒水，再浸十二个钟。以老鸡三只，排骨六公斤，三层猪肉六公斤，鸡脚两公斤，大锅熬出三公升汤来，再浸，这时用猪油来夹着鲍鱼，以八十五度火煮五十个小时，到那三公升的汁变成一半为止。看着火候的，还有一个专人呢，当然不是一般下蚝油，去炆制那么简单。这时呈扁平的鲍鱼胀起，用手按，全凭经验看它是否软熟，弄到客人觉得物有所值为止。

至于翅，则要选尾部下面那块，不识货的以为背鳍最好，其实鲨鱼游在水中，这个部分经常碰撞，有呈瘀血的现象，皆为下等翅。炆法以老鸡、鸡脚、猪肉皮、猪肚肉等，炆到汤汁收干为止，潮州人的翅，是不加火腿的。

这些菜只能偶尔一试，我个人也反对杀鲨鱼，只把过程介绍一下而已。自己叫的菜，有一样很简单清淡的，用黄瓜，去皮去瓤，用滚水烫之，再浸以冰水，让瓜脆了，以小虾米和冬菜煮之，已比鱼翅好吃。

另有一道鸡茸汤也不错，剁鸡肉不用砧板而是把鸡放在一大块猪皮上剁碎的，此法亦失传。

大家以为只有日本人吃刺身，不知道潮州早已有鱼生这道菜，但这要事前盼咐好才做得出。从前是用鲩鱼的，但近年来怕污染，只采取深海鱼"西刀"，切成薄片，像河豚一样铺在彩碟，片片透明。配料倒是麻烦的，有菜脯丝、芹菜、酸菜、萝卜丝、黄瓜片和辣椒丝，等等，夹鱼片一起吃，后来演变为广东人通常吃的"捞起"，他们用的则是鲑鱼了。

蘸着叫梅膏的甜酱吃，有甜有咸，或许有点怪，但潮州人这个吃法是从古老的口味传下，不好吃的话早就被淘汰。一定不能接受又甜又咸，那么有种叫豆酱油的作料，亦可口。

最后的甜品有整个南瓜塞芋泥的金瓜盅。南瓜去皮后，用冰糖浸一天，才够硬不会崩溃，跟着芋头磨成泥，猪油煮之。塞入，再蒸出来，是甜品中的绝品。有一道失传的甜品，叫"肴肉糯米饭"，用冰糖把五花腩熬个数小时，混入带咸的糯米饭，上桌时还看到肥猪肉摇摇晃晃。

我办旅行团，有些地方一切具备，就是找不到好吃的东西，胖嘟嘟的李长豪拍拍我的肩膀，说："不要紧，带我去好了，我煮给你们吃。"好个发记。学广东人说："真系（是）发达啦！"

叫上一碗牛肉河，
看能否重温旧梦

天下美食，少不了一碗越南人做的牛肉河粉，他们叫它为pho。好吃的牛肉河，用汤匙舀了一口汤，喝进口，从此上瘾，一生一世，都想追求此种味道。这个说法，一点也不夸张。

初尝牛肉河，是数十年前去越南旅行，坐在一间露天餐厅，远望长堤上越南少女推着脚踏车经过，身上穿着一件像中国旗袍的衣服，丝质，开高衩，但还配了长裤，也是丝质。全身包裹得像一颗粽子，肌肤一点也不外露。

面前的这一碗牛肉河，灼得刚刚够熟的生牛肉，色泽有如少女唇部之粉红。河粉纯白米制造，像她们身上的旗袍，如丝似雪。再将这一口汤喝进口，像一场美妙的爱情，已经达到了高潮。从此一经过越南店子必即进入试食，叫了一碗牛肉河，看看是否能够重温旧梦？

一次又一次的失望，原因何在？经过战火，连这种最基本的食物也失传了，各地都有模仿。次等的味道，令人沮丧。

小学念书，说越南土地最为肥沃。人世间，也只有越南的稻米一年有四次的收成。当今，越南本土，亦要靠外国输入。一位做木材生意的友人，买通了当地高干，包了一片树林，以为从此发达，岂知运到的树木把电锯都损坏了，原因是木头之中，充满了战争时代打进去的子弹头。

闲话少说，到底在什么地方才能找到一碗像样的越南牛肉河呢？自己煮行不行？打开烹调书，教你的办法如下：

材料：牛肉六两，河粉十二两，豆芽二两，红萝卜丝一两，葱粒二粒。汤料：牛腩、牛骨各一斤，香茅二枚，洋葱二个，香叶二片，胡椒粒一茶匙，水十二杯。调味料：盐、鱼露各适量。腌料：鱼露二茶匙，生粉半茶匙，麻油、胡椒粉各少许。

做法：一、将牛骨、牛腩飞水冲干净，然后放入瓦煲之内，加水十二杯。将香茅、洋葱和胡椒粒放入煲滚，看见汤面有泡沫盛起不要。再慢火煲六小时，隔去汤渣加入调味料即成牛肉上汤。二、牛肉切薄片，加腌料拌匀，豆芽洗干净后沥干水分。三、先将豆芽放碗底，取适量河粉灼熟放在豆芽上面，将牛肉灼至刚熟放在河粉上面，淋上滚牛肉汤，撒上红萝卜丝和葱粒即成。

完全放屁，一窍不通，看这种菜谱只有害死人，绝对做不出一碗连像样也不像样的东西来。牛肉河有如担担面，各家有各家的做法，从小吃到大，才有经验做出一碗似样的东西。外国人试了几次，就想当大厨，别做梦了！

另外有很多人以为店里做得出，在家里为什么不能重现？这个观念极为错误。小贩食品，是绝对在家里做不出来的，因为三四碗东西，汤料一定下得不足，店里热的汤，只用一个巨大的桶，几十斤肉，几十斤骨头，甜味方出，而且是天天做，月月做，年年做，累积下来的经验，才能掌握。

算了吧，放弃吧！投降吧！回到越南，找到数十年前的那家小店，吃了全不是味道，全都吃遍也没有一碗像样的。

追求越南粉是一个辛苦的过程。唯有在海外寻找。战后的越南人，有钱的移民到法国，在巴黎市中心的几家高级越南餐馆能找到一点儿，但并不平民化。他们也不是专卖粉的，当然并不十分正宗。在十三区有很多河粉店，吃了也不满意。

穷一点儿的越南人移民到澳大利亚。找寻完美的越南粉历程，到了终站，是一家叫"勇记"的餐厅，在墨尔本。老板娘四十余岁，风韵犹存，在店里坐镇。她听了我问汤中只熬牛骨和牛肉已经哈哈大笑："牛骨那么腥，怎么喝得进口？"

只告诉我加了鸡骨，但是我怀疑也有鱼骨，煲到完全烂掉，再也看不见，我跑进厨房，只见大量的牛肉挂着待凉。一大桶一大桶的汤，滚了那么久，还是清澈的，相信我再看一百年也看不出道理。

也不单是吃牛腩那一部分，几乎整只牛都可以吃，餐牌上写着牛筋、牛骨、牛丸、牛鞭等的配搭，连牛血也不放过。店里卖的牛血，是用滚得最热的汤去撞出来的，牛血一下子变成软软的个体，汤极鲜，血也当然比豆腐好吃得多。

店里从早到晚挤满客人，连澳大利亚总理来也得等位。尝到数十年前的美味，满足，人亦老矣。

分享粽子，
过一个温暖的端午节

端午节将临，又是吃粽子的时候。

每次写到"糭"字，就想起傻。人吃米饭嘛，有个"米"字边就成"糭"，回到人旁，便是傻瓜一个。四十年前琼华酒楼的广告，写着一大"糭"字，下面中型的字体写着：边个话我傻。左右的小字写着：可祭三间之魄，可供五脏之神。这个广告，也联想到"傻"字上面，或者因为粽子是糯米做的，囫囵吞之鲠死，傻子一个，从了米旁。我用字还是喜欢做粽，以米饭祭屈原老祖宗，很好。

文人论题，总爱由典故说起，所有的饮食文章都会告诉你粽子的起源和典故。读之重复又重复，如果你喜欢研究，看其他书去，我要讲的，是自己的一个吃粽子的旅程。

作为香港人，天天就能吃到粽子，只要你到粥面店，都有裹蒸粽出售，制法大概是从著名的肇庆蒸粽传来，但已没那么讲究，包的馅只有猪肉。正宗肇庆蒸粽的馅料有五香粉猪腩肉、咸蛋黄、虾米、栗子、蚝豉、香肠和腊鸭。蒸的时间规定用大锅，蒸十分钟。

当今的肇庆粽水平如何，没机会去试，最靠近那种味道的，反而在澳门找得到，清平直街内的"杏香园"做的粽子材料个足，四粒象棋般大的江瑶柱和三个蛋黄，绝不欺客。

一近端午，各形各式的粽子就出现，有的不在味觉上下工夫，只是求大，故有所谓珍宝粽的出现，比普通的大出三五倍来；还有人想打破世界纪录，做出六百公斤的粽王，怎会好吃呢？蒸它三百六十五天也不透。

包粽的材料，最初用竹筒，这种做法还流传到老挝、缅甸一带，把糯米塞入竹筒中烧烤出来，没有馅的居多。你如果想尝试一下，可在九龙城的泰国杂货店买到。接着是用竹叶、芦苇叶，也有芭蕉叶和莲叶包的。奇异品种在台湾嘉义，有种叫山猪耳的，生长在峭壁上，它比竹叶更厚更韧，又有一股幽香，是包粽子的最好材料。

广东中山生长的芦兜，村中儿童斗的金丝猫蜘蛛，最爱藏于它的叶片中；用芦兜来包粽子，据说可持久不坏。说到中山，所制碱水最佳，把稻草、勒树和一种叫苏木的心烧成灰，水浸后就成碱水，它炮制的碱水粽不用冰箱，放它一个月来吃也不要紧。

当今的碱水粽，就是放弃竹筒，以竹叶来包的原始形态和味道，用的黍米又叫大黄米，古时候叫黏黍，包出来的东西称之为角黍。湖北市西部城镇秭归为屈原的老家，至今还用最传统的方法包粽，但黍米已被糯米代替，制法为：芦苇叶用沸水烫软，裹时每次用三张叶，置左手掌中，撑开，下面两片重叠，上面一片在两张叶交缝处压实，左右相折卷成三角圆锥形，放糯米与红枣一个，压实卷包成菱形粽子，用芦苇扎紧，大火焖煮即成。

古时一般老百姓都穷，没肉吃，也没糖，甜味出自那粒红枣，山东名点之一叫黄米红枣粽，到现在还用黄米。用糯米包粽，始于唐代。

台湾有种粿粽，则将糯米舀成黏膏，再把瘦肉拆成丝，用糖炒过来包的，味道相当不错。经济起飞后，许多著名的台南担仔面店纷纷推出豪华粽子，馅中有鲍鱼、江瑶柱、生蚝、海参、鱼翅，等等，以本伤人。吃一两个还可以，多了生腻，当然比不上老百姓最爱的烧肉粽，基本上它只包着肥猪肉，但用五香粉腌过，香料味极重，这也是由福建泉州传来的小食。至于台南的吉仔肉粽，馅中百味杂陈，也许是肇庆粽传过去的吧？

粽子的形状当今只剩下三角形和长形罢了，从前有菱粽、丸子粽、百索粽和牛角形的角黍，都已淘汰掉了。香港人把附近地区叫为南方，珠江三角洲以上的都是北方，大致三角形的叫为南方粽，枕头或长方形的都是北方粽。

代表北方粽的有嘉兴粽子，从上海登沪杭甬公路，途中休息站中有卖嘉兴粽，买一个来试试；打开粽叶果然香味扑鼻，馅只有肥猪肉一块，但已蒸得融化进糯米中，好吃自然有它的道理。

嘉兴五芳斋已有上百年历史，在糯米中按次加糖、盐、红酱油拌匀。将猪腿肉去皮，横切成肥瘦兼有的长方条，加调味料反复搓擦，包成长方形，用水草捆扎六圈，再将草绳头尾并在一起，转三转塞入草圈内。水草绕得紧紧地，但不能扎死，不能打结。大火煮一小时，停火后焖，吃时草绳容易解开才是真功夫。

粽子无论怎么变化，有三种基本材料：米、叶和绳。最早的记载有五色线绳，除了草绳，现在有人用棉绳，但是到塑料绳也派上用场时，那颗粽，不吃也罢。

至于湖州的褚小昌老店的猪油豆沙粽，据唐鲁孙先生说：吃到嘴里甜度适中，不太甜也不腻口，尤其是粽子包扎的松紧，恰到好处，糯软不糜，靠近豆沙的不夹生，靠近粽叶不沾滞。这是别家粽子店做不到的，把他老人家引得口水直流。

一般上粽子不是甜就是咸，唯一变化是潮州的，它一半咸，有肥猪肉和栗子等；一半甜，是豆沙，汕头妈祖宫的粽子最著名。

粽子一下子就吃饱了，停不下的人过后一定很辛苦，喜欢的话可以分开进食，把剩下的切片，再煎炸出来吃。或者再用小叶包之。要找迷你粽，泰国人手工细，他们包得一串串，每颗只有葡萄般大。粽子加工，叫为粽再蒸，是清代名点之一。

香港九龙城的新三阳南货店，包的粽子最好吃，白米粽和碱水粽卖七块钱。猪肉粽十四块钱，蛋黄和肉的十七块钱，金华火腿的二十九块钱。最豪华的粽是很大只，包鲜肉、蛋黄和金华火腿，要卖到四十五块钱了。住在香港很好运，天天过节，日日吃粽，在这里做傻瓜也幸福。

爱吃泡菜的人，
一吃上就停不了

泡菜不单能送饭，下酒也是佳品。

尝试过诸国泡菜，认为境界最高的还是韩国的"金渍（Kimchi）"。韩国人不可一日无此君，吃西餐中菜也要来一碟金渍，越战当年派去建筑桥梁的韩国工兵，运输机被打下，金渍罐头没货到，韩国工兵，就此罢工。

金渍好吃是有原因的，是韩国悠久的历史与文化中产生的食物。先选最肥大的白菜，加辣椒粉、鱼肠、韭菜、萝卜丝、松子等泡制而成。韩国家庭的平房屋顶上，至今还能看到一坛坛的金渍。韩国梨著名地香甜，将它的心和部分肉挖出，把金渍塞入，再经泡制，为天下罕有的美味，这是北韩人的做法，吃过的人不多。

除了泡白菜，他们还以萝卜、青瓜、豆芽、桑叶等为原料。另一种特别好吃的是根状的蔬菜，叫Toraji的，味道尤其鲜美，高丽人什么菜都泡，说也奇怪，想不起他们的泡菜中有泡高丽的。

广东人称为椰菜的高丽菜，洋人也拿手泡制，但是他们的饮食文化中泡菜并不占重要的位置，泡法也简单，浸浸盐水就算数。中国北方人也用盐水泡高丽菜，但加几条红辣椒。做得好的是四川人。用豆瓣酱和糖腌高丽菜，有点像韩国金渍，但没有他们的酸味，可惜目前在四川馆子吃的，多数加了蕃茄汁，不够辣，吃起来不过瘾。

一般人的印象中，泡菜要花功夫和时间甚多，但事实并非如此，泡个二十四小时已经足够，日本人有个叫"一夜渍"的泡菜，过夜便能吃。

日本泡菜中最常见的是腌得黄黄的萝卜干，一看就知道不是在吃泡菜而是吃染料。京都有种"千枚渍"，是把又圆又大的萝卜切薄片泡制，像一千片那么多，还可口。但是京都人特别喜欢的用越瓜腌大量的糖的泡菜，甜得倒胃，就不敢领教了。日本泡菜中最好吃的是一种叫Betahra Tsuke的，把萝卜腌在酒糟之中，吃起来有一股幽甜，喝酒的人不喜欢吃甜的东西，但是这种泡菜，酒鬼也钟爱。

其实泡菜泡个半小时也行，把黄瓜、白菜或高丽菜切成丝，放进热锅以中火炒之，泡醋、白葡萄酒，把菜盛在平盘上冷却，放个半小时便能吃。要是你连三十分钟也没有耐性等，那有一个更简单的制法，就是把小红葱头、青瓜切成薄片，加醋，加糖，如果喜欢吃辣的更加大量的辣椒丝，把揉捏一番，马上吃。豪华一点，以柠檬汁代替醋，更香。这种泡菜特别醒胃，可以连吞白饭三大碗。

秋天已至，是芥菜最肥美的时候。芥菜甘中带甜，味道错综复杂，是泡制腌菜的最佳材料，潮州人的咸菜，就是以芥菜心为原料，依潮州人泡制芥菜的传统方法，再加以改良，以配合自己的胃口，就此产生了蔡家泡菜，吃过的人无不赞好，说不定在"暴暴茶之后"，我会将之制成产品出售，这是后话。好货不怕公开，现在把"蔡家泡菜"的秘方叙述如下：

一、用一玻璃咖啡空缶，大型者较佳。

二、买三四个芥菜心，取其胆部，外层老叶不用。

三、水洗，风吹日晒或手擦，至水分干掉。

四、切成一英寸长、半英寸宽的长方形。

五、放入一大萝中或大锅中，以盐揉之。

六、隔个十五分钟，若性急，不隔也可以。

七、挤干芥菜给盐弄出来的水分。

八、用矿泉水洗去盐分，节省一点可以用冷冻水，但不可用水喉水，生水有菌。

九、再次挤干水分。

十、好了，到这个阶段，把玻璃缸拿出来，先确定缸里没有水分或湿气，然后把辣椒放在最底一层，半英寸左右，嗜辣者请用泰国指天椒。

十一、在辣椒的上面铺上一层一英寸左右芥菜。

十二、芥菜上面铺上一层半英寸左右切片的大蒜。

十三、大蒜层上又一层一英寸左右的芥菜。

十四、芥菜上铺一层半英寸左右的糖。

十五、再铺一英寸左右的芥菜，以此类推，根据缸的大小，层次不变。

十六、缸装满后，仍有空隙，买一瓶鱼露倒入。（目前香港已经没有好鱼露，剩下李成兴厂制的尚可使用，泰国进口的，则以天秤牌较佳）。鱼露只要加至缸的一半即可，不用加满。

十七、浸个二十分钟，这不管你性急不性急，二十分钟一定要等的。

十八、把缶倒翻，缶底在上，再浸二十分钟。

十九、把缶扶正，打开缶盖，即食。

二十、当然，味道隔夜更入味，泡完之后，若放入冰箱，可保存甚久，但是这么惹味的东西，即刻吃完，要是放上一两个星期还吃不完，那表示制作失败。

潮州泡菜中，还有橄榄菜、贡菜、豆酱浸生姜，等等，千变万化。如果老婆煮的菜不好吃，那也不用责骂，每餐吃泡菜以表无声抗议，多数会令她们有愧，厨艺跟着进步。

平淡的日子里，
最家常的味道

正愁找不到题材写作时，《饮食男女》的记者Connie来传真询问关于酱萝卜的事，启发了随想：

最初，接触到的是潮州人的萝卜干，叫为菜甫。剁成碎粒，用来炒蛋一流。潮州人认为菜甫愈老愈好，其实新鲜腌制的也不俗。带着浓重的五香味和甜味，切成薄片送粥，是家常便饭。

做潮州鱼生时，有种种配料，菜甫丝是少不了的，其他有芹菜、生萝卜丝、青瓜丝和一种叫酸杨桃的，样子像长形的萝卜，酸得要命。因为点的青梅酱，又甜又酸，只有用咸菜甫来中和。

广东人有道汤，只用咸萝卜和冬瓜来煲。清淡之中见功力，也是我喜欢喝的。潮州做法是加了姜片，但也下几块肉，味道才不会太寡。

腌渍了二十年以上，老菜甫会出油。已当成药物，小孩子消化不良，父母喂他们喝口老菜甫油，即刻打噎，肠胃通畅，神奇得不得了。

咸萝卜由冲绳传到日本去，冲绳岛的菜甫和潮州的一模一样，制法是把萝卜晒干了，用海水放入缸中腌渍，我们叫缸，日人称壶，故有"壶渍（Tsubo Tsuke）"之名，鹿儿岛生产的最著名，叫为"山川渍

（Yamagawa Tsuke）"。

菜甫这种渍物在日本并不十分流行，只有乡下地方人才爱吃。在当地最普遍的是黄颜色的"泽庵渍"。又简称为泽庵（Taku-An）。名称来由有多种传说，但最可靠的传说是由禅宗大师泽庵（1573-1645）发明的，故此名之。

泽庵的制法有两种，干燥后灌盐处理，或不用日晒，用盐渍之，让它脱水。前者外皮皱，后者光滑，可分别。因和叶子一块渍，产品呈自然的黄色，加甘草和盐的人工制品下了色素，颜色黄得有点恐怖，最为下等，尽量少食。

最美味的是一种叫Iburiggako的秋田泽庵。秋田县多雪，萝卜拔取后不能日晒，就吊在家里的火炉上烟熏，熏叫Ibur，而Ggako是渍物的秋田方言，近年已建了熏房大量制造，味道较为逊色了。

京都人都不爱吃泽庵，他们喜欢的是一种叫"千枚渍（SenmaiTsuke）"的酱菜，材料虽说是萝卜，和传统的有所不同。是个圆形的东西，小若沙田柚，大起来像篮球，日本人称之为"芜（Kabu）"。

把皮削掉，切成薄片，一个大芜可片无数，故有千枚，即千张之名，用盐、昆布、茶叶和指天椒腌制，产生自然的甜味，在京都随处可找到，可惜当今已用调味品代替古法。下了糖，味道便不那么自然了。

但说到日本最精彩的酱萝卜，那就非"Bettara Tsuke"莫属。它是东京名产，用酒糟来腌制，原形还黏着米粒，酒糟更能把萝卜的甜味带出来，但那股甜味是清爽的，和砂糖的绝不一样，就算喝酒的人不喜欢吃甜，一尝此味，即刻上瘾。高级的寿司店中经常供应，让客人清清口腔，再吃另一种海鲜。用它来送酒，也是天下绝品。

但藏久了就走味，每年农历十月十九日，供拜生意人"寿比惠神社"的七福神就举行Bettara祭，表示最新鲜的渍物上市，这时味道最佳，我常在这段时期大量买回来吃。手提行李中装了一大包，在飞机中打开来吃，那股臭味攻鼻，闻得空姐逃之夭夭。

这是因为萝卜皮和曲母引起的化学作用，但和臭豆腐一样，闻起来臭，吃起来香，不过新鲜的Bettara是没有那阵异味的，闷久了之后才挥发出来。

韩国人的渍物最常用的原料是白菜，除了白菜，就轮到萝卜了。把萝卜切成小方块，用盐和辣椒酱和鱼肠腌制，称为"Kakuteki"。那个"kaku"的发音，有点像"角"，旧时他们用汉字的时候，Teki应该是萝卜的吧？这种渍物又脆又酸又甜又辣，非常好吃，尤其到了冬天，在小店中生了火炉，已经觉得有点热时，来几块冰冷的酱萝卜角，感觉美妙。把整碟吃完，剩下的酱汁用来倒进牛尾汤饭之中，搅动一下，有点腥味和臭味发出，更能引起食欲。

韩国人叫泡菜为金渍，不是所有金渍物都是干的，也有水金渍，那是把萝卜切片或刨成丝，浸在酒糟和盐水之中，可当汤喝。

说回中国的酱萝卜，小时候吃过镇江的，是一颗颗像葡萄一样大的东西。爸爸解释：在镇江种的萝卜都是这一类的种，隔了一区，到了省外，就是大型的直根状。镇江种的一从泥土揪出来，一大串，至少上百颗，粒粒都又圆又小。很想吃回这种产品，可惜当今在国货公司或南货店都找不到了。

天下最美味的酱萝卜，应该是"天香楼"炮制的，做法简单，切成长条用盐水和生抽混合，加花椒和八角腌成。但是做法虽说简单，在"天香楼"之外，所有模仿它的杭州菜馆，包括杭州本土的老字号，都吃不到此味，就是那么神奇。大批日本老饕来吃大闸蟹，一尝到杭州酱萝卜，都很震惊，感叹日本人的泽庵再厉害，也比不上，俯首称臣。想一罐罐买回去，"天香楼"要看是什么人请客，给面子，才分点，给他们当宝带走。

分享食材，
感受日常生活的美好

一个人吃东西的时候，千万别太刻薄自己，做餐好吃的东西享受，生活就充实。

葱

在菜市场买了一斤芥兰,小贩顺手折了一撮葱给你。这是多么一个亲切和蔼的优良传统,其他卖家绝对看不到的现象。

我们小时候还争论,到底是吃葱的二分之一的那白色部分,还是三分之二那个绿的,有些人在洗菜时还把葱尖拉断扔掉,是不是浪费?

理论上,在家里做菜,你喜欢吃白就吃白,绿就绿。但是到了餐厅,当然整条的葱都派上用场,不必讲究,这道理和吃芽菜一样,家庭主妇可以折断头和根,大排档根本不管这么多。大众能吃的,一定美味。

葱最好是生吃,最多也只能烫一烫,过熟了失去那份辛辣和荤臭,就变成太监了。

早上在九龙城街市三楼的熟食档吃东西,先从茶餐厅档要一个碗,到面档去添大把葱段,再去卖裹蒸粽处讨一大碗黑漆漆的老抽,大功告成。任何食物有这碗东西送,没有一样不好吃的,葱就是那么可爱。

给人家请鲍参翅肚,吃得生腻,最佳食物是弃蒸老鼠斑、苏眉,只吃酱油和葱,淋在白饭上,这时的饭已不是饭,是一道上乘的佳肴了。

友人徐胜鹤兄也喜葱,在他办公室楼下的"东海"吃饭,就来一大碟葱和蒸鱼的酱油，他的旅行社叫"星港"，向侍者说来一碟星港葱，即刻会意。请客时上此道菜，吃过之后无论哪一个国家的人，都拍案叫绝。

山东人的大葱又粗又肥，白的那节是深深地长在泥土之中，故日本人称之"根深葱"，吃拉面时少不了它。大葱不容易枯烂，买一大把放在冰箱里面可以保存甚久，半夜肚子饿时来碗即食面，把大葱切成两个五块钱铜板那么厚，加在面上，吃了不羡仙。

南洋人少见大葱，称之为"北葱"。长辈林润镐先生每次在菜市场中看到大喜，立刻买回去油炸，炸得皮有点发焦，再用来炒肉或红焖，说也奇怪，葱像糖那么甜。

最终还是要生吃。弄一块包烤鸭的那种面皮，再来一碟黑面酱。吃时就把原型的那根大葱点酱，包了皮双手抓着就那么大咬之，简直像个原始人，但是山东人看了，一定爱死你，当你是老大。

油

开门七件事中的油,昔时应该指猪油吧。

当今被认为是罪魁祸首的东西,从前是人体不能缺乏的。洋人每天用牛油搽面包,和我们吃猪油饭,是同一个道理。东方人学吃西餐,牛油一块又一块,一点也不怕;但听到了猪油就丧胆,是很可笑的一件事。

在植物油还没流行的时候,动物油是用来维持我们生命的。记得小时候内地贫困,家里每个月都要一桶桶的猪油往内地寄,当今生活充裕,大家可别出卖猪油这位老朋友。

猪油是天下最香的食物,不管是北方葱油拌面,或南方的干捞云吞面,没有了猪油,就永远吃不出好味道来。

花生油、粟米油、橄榄油等,虽说对健康好,但吃多了也不行。凡事只要适可而止,我们不必要带着恐惧感进食,否则心理的毛病一定产生生理的病。

菜市场中已经没有现成的猪油出售,要吃猪油只有自己炮制。我认为最好的还是猪腹那一大片,请小贩替你裁个正方形的油片,然后切成半寸见方的小粒。细火炸之,炸到微焦,这时的猪油最香。副产品的猪油渣,也是完美了,过程之中,不妨放几片虾饼进油锅,炸出香脆的送酒菜来。

猪油渣摊冻后，就那么吃也是天下美味，不然拿来做菜，也是一流的食材，像将之炒面酱、炒豆芽、炒豆豉，比鱼翅鲍鱼更好吃。

别以为只有中国人吃猪油渣，在墨西哥到处可以看到一张张炸好的猪皮，是他们的家常菜；法国的小酒吧中，也奉送猪油渣下酒。

但是有些菜，还是要采用牛油。像黑胡椒螃蟹，以牛油爆香，再加大量磨成粗粒的黑胡椒和大蒜，炒至金黄，即成。又如市面上看到新鲜的大蘑菇，亦可在平底镬中下一片牛油，将蘑菇煎至自己喜欢的软硬度，洒几滴酱油上桌，用刀叉切开来吃，简单又美味，很香甜。

至于橄榄油，则可买一棵肥大的椰菜，或称高丽菜的，洗净后切成幼（细）丝，下大量的胡椒、一点点盐和一点点味精，最后淋上橄榄油拌之，就那么生吃，比西洋沙律更佳。

酱油

用酱油或原盐调味,后者是一种本能,前者则已经是文化了。

中国人的生活,离开不了酱油,它用黄豆加盐发酵,制成的醪是豆的浆糊,日晒后榨出的液体,便是酱油了。

最淡的广东人称之为生抽,东南亚一带则叫酱青。浓厚一点是老抽,外省人则一律以酱油称之。更浓的壶底酱油,日本人叫为"溜Tamari",是专门用来点刺身的。加淀粉之后成为蚝油般的,台湾人叫豆油膏。广东人有最浓、密度最稠的"珠油",听起来好像是猪油,叫人怕怕,其实是浓得可以一滴滴成珍珠状得来。

怎么买到一瓶好酱油?完全看你个人喜好而定,有的喜欢淡一点,有的爱吃浓厚些,更有人感觉带甜的最美味。

一般的酱油,生抽的话"淘大"的已经不错,要浓一点,珠江桥牌出的"草菇酱油"算是很上等的了。

求香味,"九龙酱园"的产品算很高级。我们每天用的酱油分量不多,贵一点也不应该斤斤计较。

烧起菜来,不得不知的是中国酱油滚热了会变酸,用日本的酱油就不会出毛病。日本酱油加上日本清酒烹调肉类，味道极佳。

老抽有时是用来调色，一碟烤麸，用生抽便引不起食欲，非老抽不可。台湾人的豆油膏，最适宜点白灼的猪内脏。如果你遇上很糟糕的点心，叫伙计从厨房中拿一些珠油来点，再难吃的也变为好吃的了。

去欧美最好是带一盒旅行用的酱油，万字牌出品的特选丸大豆酱油，长条装，每包5ml，日本高级食品店有售。带了它，早餐在炒蛋时淋上一两包，味道好得不得了，乘邮轮时更觉得它是恩物。

小时候吃饭，餐桌上传来一阵阵酱油香味，现在大量生产，已久未闻到，我一直找寻此种失去的味觉，至今难觅，曾经买过一本叫《如何制造酱油》的书，我想总有一天自己做，才能达到愿望。是时，我一定把那种美味的酱油拿来当汤喝。

醋

自古以来,人类最早用的调味品,除了盐之外,就是醋了。

醋由酿酒时变坏而成,在还没有发明之前,用的是柑橘或酸梅来刺激胃口。醋中含有的苹果酸,对人体并非有什么帮助。我们吃醋,是因它制造大量的唾液和胃液,能够中和食油的肥腻,产生一种清凉感,是我们的身体在无意识中需要的。

醋能医治骨头的疏松,倒是事实。软骨功的民间技艺,把孩子从小浸在醋里,是很残忍的事。传说中,如果吞到鱼骨,也要喝醋来软化,这倒不是真的,吞一团白饭较为实在,严重起来最好找医生拔掉。

醋的吃法数之不尽,先从分类开始。醋有白醋、黑醋、红醋、苹果醋、梅醋、橙醋之分,最为稀奇的,还可以用柿子制醋,总之五谷或蔬菜果实,发酵之后皆能成醋。

除了点菜之外,醋还能喝。镇江醋在我国最为闻名,镇江人人喝之,比嗜酒更厉害。我们当今流行喝的是果实醋,当为健康饮料,其实古人早就懂得这种医疗效果。

做起菜来,南方人最常用它来煮糖醋姜,加猪脚和鸡蛋,是产妇必食的,也受一般人欢迎,已变成饮茶的点心之一种,它愈煮愈出味,鸡蛋愈硬愈香。飞机餐要加热，新鲜的菜加热了就不好吃，为什么不考虑这一道呢？

小量的醋，并不影响食物的味道，还能保鲜并增加食欲，寿司的饭团，就非加白醋不可，点了酱油，就吃不出酸味来。

意大利人更缺少不了醋，餐桌上一定摆着一瓶。他们讲究有年份的醋，愈久愈浓。十二年的醋本来有七十升，最后蒸发成三升。就那么点面包吃，他们认为已是天下美味。

杭州的西湖醋鱼、福建的糖醋猪腰等名菜，非醋不可。广东人除了潮州一带能接受白醋之外，都爱用红醋，餐厅茶楼供应的全是红醋。红醋很怪，如果你点了东西吃，又喝几口绿茶之后，整条舌头变成黑色，不相信你下次试试看就知道了。

胡椒

香料之中，胡椒应该是最重要的吧。名字有个"胡"字，当然并非中国原产。据研究，它生长于印度南部的森林中，为爬藤植物，寄生在其他树上，当今的都是人工种植，热带地方皆生产，泰国、印尼和越南每年产量很大，把胡椒价格压低到常人都有能力购买的程度。

中世纪时，发现了胡椒能消除肉类的异味，欧洲人争夺，只有贵族才能享受得到。流传了一串胡椒粒换一个城市的故事。当今泰国料理中用了大量一串串的胡椒来炒咖喱野猪肉，每次吃到都想起这个传说。

黑胡椒和白胡椒怎么区别呢，绿色的胡椒粒成熟之前，颜色变为鲜红时摘下，发酵后晒干，转成黑色。通常是粗磨，味较强烈。

白胡椒是等到它完全熟透，在树上晒干后收成，去皮，磨成细粉。香味稳定，不易走散。

西洋餐菜上一定有盐和胡椒粉，但用原粒入食的例子很少。中餐花样就多了，尤其是潮州菜，用一个猪肚，洗净，抓一把白胡椒粒塞进去，置于锅中，猛火煮之，猪肚至半熟时加适量的咸酸菜，再滚到全熟为止。猪肚原只上桌，在客人面前剪开，取出胡椒粒，切片后分别装进碗中，再浇上热腾腾的汤，美味之极。

南洋的肉骨茶，潮州做法并不加红枣、当归和冬虫夏草等药材，只用最简单的胡椒粒和整个的大蒜炖之，汤的颜色透明，喝一口，暖至胃，最为地道。

黑椒牛扒是西餐中最普通做法，黑胡椒磨碎后并不直接撒在牛扒上面，而是加入酱汁之中，最后淋的。

著名的南洋菜胡椒蟹用的也是黑胡椒，先用牛油炒香螃蟹，再一大把一大把地撒入黑胡椒，把螃蟹炒至干身上桌。绝对不是先炸后炒的，否则胡椒味不入蟹肉。

生的绿胡椒，当今已被中厨采用，用来炒各种肉类。千万别小看它，细嚼之下，胡椒粒爆开，口腔有种快感，起初不觉有什么厉害，后来才知，辣得要抓着头跳迪士高。

我尝试过把绿胡椒粒灼热后做素菜，刺激性减低，和尚尼姑都能欣赏。

花椒

花椒学名Zanthoxylum Bungeanum Maxim，是中国人常用的香料。果皮暗红，密生粒状突出的腺点，像细斑，呈纹路，所以叫为"花椒"，与日本的山椒应属同科。

幼叶也有同样的香味，新鲜的花椒可以入食，与生胡椒粒一样；干燥后的原粒就那么拿来调味。磨成粉，用起来方便。也能榨油，加入食物中。

自古以来，花椒和中国人的饮食习惯脱不了关系，腌肉炆肉都缺少不了；胃口不好时，更需要它来刺激。

最巧妙的一道菜叫油泼花椒豆芽，先将绿豆芽在滚水中灼一灼，锅烧红加油，丢几粒花椒进去爆香，再把豆芽扔进锅，兜它一兜，加点调味品，即能上桌。吃起来清香淡雅，口感爽脆，是孔府开胃菜之一。

另一道最著名的川菜麻婆豆腐，也一定要用花辣粉或花椒油，和肉末一齐炒，或加了豆腐最后撒上也行。找不到花椒粉的话，可买日本出的山椒粉，功能一样，他们是用来撒在烤鳗鱼上面，鳗鱼和山椒粉配搭最佳。日本人也爱用酱油和糖把青花椒粒腌制，别的什么菜都不吃，花椒粒味道浓又够刺激，一碗白饭就那么轻易吞掉，健康得很。

花椒很粗生，两三年即可开花结果。树干上长着坚硬的刺，可以用来做围栏，总比铁丝网优雅得多吧？

油还可作为工业用途，是肥皂、胶漆、润滑剂等的原料。木质很硬，制作成手杖、雨伞柄和雕刻艺术品。当为盆栽也行，叶绿果红，非常漂亮。

花椒又有其他妙用，据说古人医治耳虫，是滴几滴花椒油入耳，虫即自动跑出来。厨房里的食物柜中撒一把花椒粒，蚂蚁就会来了。油炸东西时，油沸滚得厉害，放几粒进去降温。衣柜，没有樟脑的话，放花辣也有薰衣草一样的作用。

香港人只会吃辣，不欣赏麻。花椒产生的麻痹口感，要是能发掘的话，又是另一个饮食天地了。

腐乳

腐乳可以说是百分百的中国东西,它的味道,只有欧洲的乳酪可以匹敌。

把豆腐切成小方块,让它发酵后加盐,就能做出腐乳来,但是方法和经验各异,制成品的水准也有天渊之别。

通常分为两种,白颜色的和红颜色的,后者甚为江浙人所嗜,称之为酱汁肉,颜色来自红米。前者也分辣的和不辣的两种。

一块好的腐乳,吃进去之前,先闻到一阵香味,口感像丝绸一样细滑。死咸是大忌,盐分应恰到好处。

凡是专门卖豆腐的店,一定有腐乳出售,产品类型多不胜数,在香港,出名的"廖开记",水准比一般的高出甚多。

但是至今吃过最高级的,莫过于"镛记"托人做的。老板甘健成孝顺,知父亲爱腐乳,年岁高,不能吃得太咸,找遍全城,只有一位老师傅能做到,每次只做数瓶,非常珍贵,能吃到是三生之幸。

劣等的腐乳,只能用来做菜了,加椒丝炒蕹菜,非常惹味。

炆肉的话，则多用红腐乳。红腐乳也叫南乳，炒花生的称为南乳花生。

腐乳还能医治思乡病，长年在外国居住，得到一瓶，感激流涕，看到友人用来涂面包，认为是天下绝品。东北人也用来涂东西吃，涂的是馒头。

据国内美食家白忠懋说，长沙人叫腐乳为猫乳，为什么呢？腐和虎同音，但吃老虎是大忌讳，叫成同属猫科的猫乳了。

绍兴人叫腐乳为素扎肉，广东人也把腐乳称为没骨烧鹅。

贵阳有种菜，名为啤酒鸭，是把鸭肉斩块，加上豆瓣酱，泡辣椒、酸姜，和大量的白腐乳煮出来的。

当然，我们也没忘记吃羊肉煲时，一定有碟腐乳酱来沾沾。

腐乳传到了日本，但并不流行，只有九州一些乡下人会做，但是传到了冲绳岛，则变成了他们的大爱好。我们常说好吃的腐乳难做，盐放太少会坏掉，太多了又死咸，冲绳岛的腐乳则香而不咸，实在是珍品，有机会买樽回来试试。

榨菜

有许多蔬菜都不是中国土生土长的,尤其是加了一个番字或洋字的,像番茄和洋葱等。制作榨菜的青菜头,又名包包菜、疙瘩菜、猪脑壳菜和草腰子,是一正牌的中国菜。

青菜头产于四川,直到一九四二年才给了它一个拉丁学名Brassica Juncea Coss Var Tsatsai Mao。最好的青菜头产区面积不是很大,在重庆市丰都县附近的两百公里长江沿岸地带,所收获的青菜头肉质肥美嫩脆,又少筋。

是谁发明榨菜的呢?有人说是道光年间的邱正富,有人说是光绪年间的邱寿安,但我相信是籍籍无名的老百姓于多年来的经验累积的成果,功劳并不属于任何一个人。

把青菜头浸在盐水里,再放进压制豆腐的木箱中榨除盐水而成,故称之为榨菜。过程中加辣椒粉炮制。

制作完成后放进陶瓮中,可贮藏很久,运送到全国,甚至南洋,远到欧美了。记得小时候看到的榨菜瓮塑着青龙,简直是艺术品,但商人看不起它,打破一洞,摆在店里卖招徕。

至今这个传统尚在,榨菜瓮口小,都是把瓮打破的,不过当今的瓮已不优美,碎了也不可惜。

肉吃得多了,食欲减退时,最好吃的还只有榨菜。民国初期的风流人士用榨菜来送茶,当为时髦,其实榨菜也有解酒的作用,坐车晕船,慢慢咀嚼几片榨菜,烦闷缓和。

榨菜味鲜美,滚汤后会引出糖分,有天然味精之称。最普通的一道菜是榨菜肉丝汤,永远受欢迎。

更简单的有榨菜豆芽汤、榨菜番茄汤和榨菜豆腐汤。煲青红萝卜汤时,加几片榨菜,会产生更错综复杂的滋味。

蒸鱼蒸肉时都可以铺一些榨菜丝吊味。我包水饺的时候,把榨菜剁碎混入肉中,更有咬劲和刺激。

内地榨菜较咸,台湾的偏甜。用后者,切成细条,再发开四五颗大江珧柱,挤干水和榨菜丝一齐爆香,蒜头炒一炒,加点糖。冷却后放入冰箱,久久不坏,想起就拿出来送粥,不然就那么吃着送酒,一流。

生菜

生菜Lettuce，是类似莴苣的一种青菜，大陆与台湾叫为"卷心菜"，香港人分别为西生菜和唐生菜两种叫法。香港人认为唐生菜比西生菜好吃，较为爽脆，不像西生菜那么实心。

一般呈球状，从底部一刀切起，收割时连根部分分泌出白色的黏液，故日本古名为"乳草"。

带苦涩，生菜在春天和秋天两次收成，天冷时较为甜美，其他季节也生，味道普通。

沙律之中，少不了西生菜。生吃时用冰水洗濯更脆。它忌金属，铁锈味存在菜中，久久不散，用刀切不如手剥，这是吃生菜的秘诀，切记切记。

有些人认为只要剥去外叶，生菜就不必再洗。若洗，又很难干，很麻烦，怎么办？农药用得多的今天，洗还是比不洗好。做生菜沙律时，将各种蔬菜洗好之后，用一片干净的薄布包着，四角拉在手上，甩它几下，菜就干了，各位不妨用此法试试。

生菜不管是唐或西，就那么吃，味还是嫌寡的，非下油不可。西方人下橄榄油、花生油或粟米油，我们的白灼唐生菜，如果能淋上猪油，那配合得天衣无缝。

炒生菜时火候要控制得极好,不然就水汪汪了。油下锅,等冒烟,生菜放下,别下太多,兜两兜就能上桌,绝对不能炒得太久。量多的话,分两次炒。因为它可生吃,半生熟不要紧,生菜的纤维很脆弱,不像白菜可以煲之不烂。总之灼也好炒也好,两三秒钟已算久的了。

中国人生吃生菜时,用菜包鸽松或鹌鹑松。把叶子的外围剪掉,成为一个蔬菜的小碗,盛肉后包起来吃。韩国人也喜用生菜包白切肉,有时他们也包面酱、大蒜片、辣椒酱、紫苏叶,味道极佳。

日本人的吃法一贯是最简单的,白灼之后撒上木鱼丝和淋酱油,就此而已。京都人爱腌渍来吃。意大利人则把生菜灼熟后撒上庞马山芝士碎。

对不进厨房的女人来说,生菜是一种永不会失败的食材。剥了菜叶,放进锅中和半肥瘦的贝根腌肉一起煮,生一点也行,老一点也没问题,算是自己会烧一道菜了。

菜心

菜心，洋名Flowering Cabbase，因顶端开着花之故，但总觉得它不属于Cabbage科，是别树一类的蔬菜，非常清高。

西餐中从没出现过菜心，只有中国和东南亚一带的人吃罢了。我们去了欧美，最怀念的就是菜心。当今越南人移民，也种了起来，可在唐人街中购入，洋人的超级市场中还是找不到的。

菜心清炒最妙，火候也最难控制得好，生一点的菜心还能接受，过老软绵绵，像失去性能力。

炒菜心有一秘诀：在铁锅中下油（最好当然是猪油），待油烧至生烟，加少许糖和盐，还有几滴绍兴酒进油中去，再把菜心倒入，兜它两三下，即成。如果先放菜心，再下作料的话，就老了。

因为盐太寡，可用鱼露代之，要在熄火之前撒下。爆油时忌用蚝油，任何新鲜的菜，用蚝油一炒，味被抢，对不起它。

蚝油只限于灼熟的菜心，即灼即起，看见灼好放在一边的面档，最好别光顾。那家人的面也吃不过（不会好吃）。

灼菜心时却要用煮过面的水，或加一点苏打粉，才会绿油油，否则变成枯黄的颜色，就打折扣了。

夏天的菜心不甜，又僵硬，最不好吃。所以南洋一带吃不到甜美的菜心。入冬，小棵的菜心最美味。当今在市场中买到的，多数来自北京，那么老远运到，还卖得那么便宜，也想不出老爱吃土豆的北京人会种菜心。

很多人迷信吃菜心时，要把花的部分摘掉，因为它含农药。这种观念是错误的，只要洗得干净就是。少了花的菜心，等于是太监。

带花的菜心，最好是日本人种的，在city'super等超级市场偶尔会见到，包成一束束，去掉了梗，只吃花和幼茎。它带很强烈的苦涩味，也是这种苦涩让人吃上瘾。

有时在木鱼汤中灼一灼，有时会当渍成泡菜，但因它状美，日本人常拿去当成插花的材料。

日本菜心很容易煮烂，吃即食面时，汤一滚，即放入，把面盖在菜心上，就可熄火了，这碗即食面，变成天下绝品。

萝卜

上苍造物，无奇不有，植物根部竟然可口，萝卜是代表性的，谁能想到那么短小的叶子下，竟然能长出又肥又大又雪白的食材来？

萝卜的做法数之不清，洋人少用，他们喜欢的是红萝卜，样子相同，但味道和口感完全不一样。其实它的种类极多，有的还是圆形呢。颜色则有绿的，有的切开来里面的肉呈粉红。所谓的"心里美"就是这个品种，我在法国，还看过外表黑色的萝卜。

我们吃萝卜，从青红萝卜汤到萝卜糕等，千变万化，但是老人家说萝卜性寒，又能解药，身体有毛病的人不能多吃。

既然性寒，那么拿来打边炉最佳，当今的火锅店已有一大碟生萝卜供应，汤要滚时就下几块下去，中和打边炉的燥热，熬出来的汤更是甜美。

我本人最拿手的菜就是萝卜瑶柱汤，不能滚，要炖，汤才清澈。取七八颗大瑶柱，浸水后放进炖锅。萝卜切成大块铺在瑶柱上，再放一小块过水的猪肉腱，炖个两三小时，做出来的汤鲜美无比。

韩国菜中，蒸牛肋骨的Karubi Chim最为美味。牛肉固然软熟可口，但是菜中的萝卜比它好吃。他们的泡菜，除了白菜金渍之外，萝卜切成大骰子般的方形渍之，叫为Katoki Kimchi，也是代表性的佐食小菜。

日本人更是不可一日无此君，称之为大根。食物之中以萝卜当材料的极多，最常见的是泡成黄色的萝卜干Takuwan。大厨他们也知道可将燥热中和的道理，所以吃炸天妇罗时，一定取大量的萝卜蓉佐之。小食Odem，很像我们的酿豆腐，各种食材之中，最甜的还是炆得软熟的萝卜。

在河南，有种叫"水席"的烹调，一桌菜多数为汤类，其中一味是把萝卜切成幼细到极点的线，以上汤煨之，吃起来比燕窝更有口感。

萝卜源自何国，已无从考据，但古埃及中已有许多文字和雕刻记载，多数是奴隶们才吃的。我们的萝卜，可在国宴中出现，最贱材料变为最高级的佳肴，这就是所谓烹调的艺术了。

苦瓜

苦瓜,是很受中国人欢迎的蔬菜。年轻人不爱吃,愈老愈懂得欣赏。但人一老,头脑僵化,甚迷信,觉得"苦"字不吉利,广东人又称之为"凉瓜",取其性寒消暑解毒之意。

种类很多,有的皮光滑带凹凸,颜色也由浅绿至深绿,中间有子,熟时见红色。

吃法多不胜数,近来大家注意健康,认为生吃最有益,那么榨汁来喝,愈苦愈新鲜。台湾人种的苦瓜是白色的,叫成"白玉苦瓜",榨后加点牛奶,大家都白色。街头巷尾皆见小贩卖这种饮料,像香港人喝橙汁那么普遍。

广东人则爱生炒,就那么用油爆之,蒜头也不必下了。有时加点豆豉,很奇怪的豆豉和苦瓜配合甚佳。牛肉炒苦瓜也是一道普遍的菜,店里吃到的多是把牛肉泡得一点味道也没有,不如自己炒。在街市的牛肉档买一块叫"封门柳"的部分,请小贩为你切为薄片,油爆热先兜一兜苦瓜,再下牛肉,见肉的颜色没有血水,即刻起锅,大功告成。

用苦瓜来炆别的东西,像排骨等也上乘。有时看到有大石斑的鱼扣,可以买来炆之。鱼头鱼尾皆能炆。比较特别的是炆螃蟹,尤其是来自澳门的奄仔蟹。

日本人不会吃苦瓜,但受中国菜影响很大的冲绳岛人就最爱吃。那里的瓜种较小,外表长满了又多又细的疙瘩,深绿色,样子和中国苦瓜大致相同,但非常苦,冲绳岛人把苦瓜切片后煎鸡蛋,是家常菜。

最近一些所谓的新派餐厅,用话梅汁去生浸,甚受欢迎,皆因话梅用糖精腌制,凡是带糖精的东西都可口,但多吃无益。

也有人创出一道叫"人生"的菜,先把苦瓜榨汁备用,然后浸蚬干,酸姜角切碎,最后下大量胡椒,打鸡蛋,加苦瓜片和汁蒸之,上桌的菜外表像普通的蒸蛋,一吃之下,甜酸苦辣皆全,故名之。

炒苦瓜,餐厅大师傅喜欢先在滚水中烫过再炒,苦味尽失。故有一道把苦瓜切片,一半过水,一半原封不动,一齐炒之,菜名叫为"苦瓜炒苦瓜"。

大豆

许多加有"番"或"洋"字头的食材，都是外国种，像番茄、番薯、洋葱及西洋菜等。一百巴仙（百分数）的中国品种，是大豆，这是公认的。

大豆的原型，就是我们常在日本料理中下啤酒的"枝豆"。一个荚中有两三粒，碧绿的，晒干了就变成我们常见的大豆了。

茎根直，叶子菱形，茎间长出小枝，有很细的毛，到了初秋就开花，可真漂亮，有白色、紫色和淡红的，花谢后便结成荚，可以收成了。

用大豆磨制粉当食材并不多，榨油是特色，磨成豆浆之后的用途更广，豆腐、豆干、腐皮等皆是。酱油以大豆为原料，日本的纳豆也是大豆发酵品，味噌的面酱，无大豆不成，许多斋菜都由大豆制成品当原料，可称为素肉也。

大豆有多种颜色，晒干了变黄就称为黄豆，呈黑便是黑豆了。

主要成分为蛋白质和脂肪，脂质有降胆固醇的作用，也含有维他命B_1和E，煮熟后产生很鲜甜的味道，所以我们常用大豆来熬汤。

客家人的酿豆腐，汤底一定用大量的大豆，熬出来的汤又香又甜，还没有喝进口已闻到浓厚的豆香，十分刺激食欲，汤喝进口，那股甜味绝无味精可比。对味精有敏感的人，大豆是恩物。上桌时撒上葱花，更美味。

自己做豆浆其实并不复杂，把大豆浸过夜，放入搅拌机内打碎，用块干净的布隔住挤出浆来，加水煮熟后就可喝了。

一般在店里喝到的豆浆不香也不浓，那是水勾得太多的缘故，我常向餐厅老板建议，为什么不用多一点豆，勾少一点的水？反正原料便宜，要是做得好喝，做出名堂来，生意滔滔，何乐不为？他们回答说煮一大锅豆浆时，要是不勾多些水，太浓了很容易煮焦。

事实如此，但也可以分开煮、细心煮呀！我们在家里做豆浆就有这个好处，可以放大量的大豆炮制。

做法是搅拌后挤出来的原汁原味的豆浆，当时不勾水，加鲜奶进去，效果更好，试试看，绝对好喝。

莴苣

用了"莴苣"这个正式的名字,反而没人知道指的是什么。因为可以生吃,广东人干脆叫它为"生菜",分成球形和叶状两种,前者叫为"西生菜",而叶状的是中国种,没加一个西字。

台湾人俗称"莴仔菜"或"妹仔菜",粗生,用来养鸭,"鸭"字的发音在闽南语中读成A,所以餐厅里为了方便,就叫"A菜"。

内地人则叫成"油麦菜"。

味道甘而带苦,很独特,只有人类喜欢,虫则避之,所以这种蔬菜很少虫蛀,不用杀虫剂,很放心生吃。

折断了叶梗便会流出白色乳液,中国人说以形补形,给坐月子的妇人吃,希望她们多出乳液的传说,没什么科学根据。但是它含有亚硝盐阻断剂是被证实了的,亚硝盐是一种致癌物质,有了阻断剂,莴苣便是一种防癌食物了。

洋人清一色地生吃,很少见到他们煮熟,不过有些家庭主妇煮青豆时,也爱加莴苣来调味,倒是常见。

中国人只生炒。油下锅,待出烟,加大量蒜蓉,爆至微焦,便可以炒了，因为没什么肉类，一般师傅都下点味精和盐。

精湛的厨师会以鱼露来代替盐，有点腥，味便不寡，又洒绍兴酒，更起变化，不用味精，一点点的糖，是允许的。

因为很快熟，半生也行，所以在炒饭时也有很多人喜欢把莴苣切碎后加入，兜两兜，就能上桌。

著名的炒鸽松，就是用片莴苣包来吃，将叶子不规则的边剪去，变成一个小碟子，形态优美，吃时在叶上加点甜面酱。

韩国人也是生吃的，用来包猪肉，把卤猪手切片，放在莴苣上，加咸面酱、生蒜头、青辣椒来包，最厉害的是放进一颗用辣椒酱腌制过的生蚝吊味，更是好吃。这种猪肉和海鲜的配合吃法，也只有韩国人才想得出来。

日本古名为"乳草"，从它流出白色的乳液得来，当今已没人知道这个叫法，都用拼音念出英语的Lettuce，也多生吃，煮法最多是灼了一灼，淋上酱油或木鱼汤，叫为"汤引Yubiki"。

辣椒

辣椒，古人叫"番椒"，台湾人称之为"番仔椒"，显然是进口的。中国种植后，日本人在唐朝学到，叫为唐辛子。

原产地应该是南美洲，最初欧洲人发现胡椒Pepper，惊为天人，要找更多种类，看到辣椒，也拿来充数，故辣椒原名Chile，也被称为绿色辣椒Green pepper。

辣味来自Capsicum，有些人以为是内囊和种子才辣，其实辣椒全身皆辣，没有特别辣的部位。

怎么样的一个辣法？找不到仪器来衡量，只能用比较，作出一个从零到十度的计算制度。灯笼椒或用来酿鲮鱼的大只丝绿椒，度数是零。我们认为最辣的泰国指天椒，只不过七八度。天下最致命，是一种叫Habanero的，才能有十度的标准。

Habanero是"从夏湾拿来的"的意思，现在这种辣椒已移植到世界各地，澳洲产的尤多，外表像迷你型的灯笼椒，有绿、黄、红、紫的色，样子可爱，但千万不能受骗，用手接触切开的，也被烫伤。

已经够辣了，提炼成辣椒酱的Habanero，辣度更增加至十倍百倍，通常是放进一个木头做的棺材盒子出售，购买时要签生死状，是噱头。

四川人无辣不欢，但究竟生产的辣椒并非太辣，绝对辣不过海南岛种植的品种。

韩国人也嗜辣，比起泰国菜来，还是小儿科。星马（新加坡、马来西亚）、印尼、缅甸、柬埔寨、寮国（老挝）等地的咖喱，也不能和泰国的比了。

能吃辣的人，细嚼指天椒，能分辨出一种独特的香味，层次分明，是其他味觉所无，怪不得爱上了会上瘾。

辣椒的烹调法太多，已不能胜数。洋人不吃辣，是个错误的观念，美国菜中，最有特色的是辣椒煮豆，到了美国或墨西哥，千万别错过，也只有在那里吃到的，才最为正宗。

天下最不会吃辣的，是日本人，他们做的咖喱，也不辣。

很少人知道，辣椒除了食用，还可拿来做武器，泰国大量生产的指天椒，就给美国国防部买去制造催泪弹。辣椒粉进入眼睛，可不是玩的。

豆芽

最平凡的食物,也是我最喜爱的。豆芽,天天吃,没吃厌。

一般分绿豆芽和黄豆芽,后者味道带腥,是另外一回事儿,我们只谈前者。

别以为全世界的豆芽都是一样,如果仔细观察,各地的都不同。水质的关系,水美的地方,豆芽长得肥肥胖胖,真可爱。水不好的枯枯黄黄,很瘦细,无甜味。

这是西方人学不懂的一个味觉,他们只会把细小的豆发出迷你芽来生吃,真正的绿豆芽他们不会欣赏,是人生的损失。

我们的做法千变万化,清炒亦可,通常可以和豆卜一齐炒,加韭菜也行。高级一点,爆香咸鱼粒,再炒豆芽。

清炒时,下一点点的鱼露,不然味道就太寡了。程度是这样的:把镬烧热,下油,油不必太多,若用猪油为最上乘。等油冒烟,即刻放入豆芽,接着加鱼露,兜两兜,就能上菜,一过热就会把豆芽杀死。豆芽本身有甜味,所以不必加味精。

"你说得容易,我就不会。"这是小朋友们一向的诉苦。

我不知说了多少次，烧菜不是高科技，失败三次，一定成功，问题在于你肯不肯下厨。

起码的功夫，能改善自己的生活。就算是煮一碗即食面，加点豆芽，就完全不同了。

好，再教你怎么在即食面中加豆芽。

把豆芽洗好，放在一边。火滚，下调味料包，然后放面，筷子把面团撑开，水再次冒泡的时候．下豆芽。面条夹起，铺在豆芽上面，即刻熄火，上桌时豆芽刚好够熟，就此而已。再简单不过，只要你肯尝试。

豆芽为最便宜的食品之一，上流餐厅认为低级，但是一叫鱼翅，豆芽就登场了。最贵的食材，要配上最贱的，也是讽刺。

这时的豆芽已经升级，从豆芽变成了"银芽"，头和尾是摘掉的，看到头尾的地方，一定不是什么高级餐厅。

家里吃的都去头尾，这是一种乐趣，失去了绝对后悔。帮妈妈摘豆芽的日子不会很长。珍之，珍之。

菠菜

菠菜，名副其实地由波斯传来，古语称之为"菠薐菜"。

年轻人对它的认识是由大力水手而来，这个卡通人物吃了一个罐头菠菜，马上变成大力士，印象中，对健康是有帮助的。事实也如此，菠菜含有大量铁质。

当今一年四季皆有菠菜吃，是西洋种。西洋种叶子圆大，东方的叶子尖，后者有一股幽香和甜味，是西方没有的。

为什么东方菠菜比较好吃？原来它有季节性，通常在秋天播种，寒冬收成，天气愈冷，菜愈甜，道理就是那么简单。

菠菜会开黄绿色的小花，貌不惊人，不令人喜爱，花一枯，就长出种子来。西洋的是圆的，可以用机械大量播种种植，东方的种子像一颗迷你菱角，有两根尖刺，故要手播，就显得更为珍贵了。

另一个特征，是东方菠菜连根拔起时，看到根头呈现极为鲜艳的粉红色，像鹦鹉的嘴，非常漂亮。

利用这种颜色，连根上桌的菜肴不少，用火腿汁灼后，把粉红色部分集中在中间，绿叶散开，成为一道又简单又美丽又好吃的菜。

西洋菠菜则被当为碟上配菜，一块肉的旁边总有一些马铃薯为黄色，煮熟的大豆加番茄汁为赤色，和用水一滚就上桌的菠菜为绿色，配搭得好，但怎么也不想去吃它。

至于大力水手吃的一罐罐菠菜罐头，在欧美的超级市场是难找的，通常把新鲜的当沙律生吃算了。罐头菠菜只出现在寒冷的俄罗斯，有那么一罐，大家已当是天下美味。

印度人常把菠菜打得一塌糊涂，加上咖喱当斋菜吃。

日本人则把菠菜在清水中一灼，装入小钵，撒上一些木鱼丝，淋点酱油，就那么吃起来；也有把一堆菠菜，用一张大的紫菜包起来，搓成条，再切成一块块寿司的吃法，通常是在葬礼中拿来献客的。

其实菠菜除了初冬之外，并不好吃，它的个性不够强，味也贫乏。普通菠菜，最佳吃法是用鸡汤火腿汤灼熟后，浇上一大汤匙猪油，有了猪油，任何劣等蔬菜都能入口。

番薯

名副其实。番薯是由"番"邦而来，本来并非中国东西。因为粗生，一向来我们认为它很贱，并不重视。

和番薯有关的都不是什么好东西，广东人甚至问到某某人时，哦，他卖番薯去了，就是翘了辫子，死去之意。

一点都不甜，吃得满口糊的番薯，实在令人懊恼。以为下糖可以解决问题，岂知又遇到些口感黏黏液黐黐、又很硬的番薯，这时你真的会把它涉进死字去。

大概最令人怨恨的是天天吃，吃得无味，吃得脚肿。但一切却与番薯无关，谁叫领导者穷兵黩武？不能怪番薯，因为在这太平盛世，番薯已卖得不便宜，有时在餐厅看到甜品菜单上有番薯汤，大叫好嘢，快来一碗。侍者奉上账单，三十几块，还未加一。

番薯，又名地瓜和红薯，外表差不多，里面的肉有黄色的、红色的，还有一种紫得发艳的，煲起糖水来，整锅都是紫色的水。

这种紫色番薯偶尔在香港也能找到，但绝对不像加拿大的那么甜，那么紫，很多移民的香港人都说是由东方带来的种，忘记了它本身带个"番"字，很有可能是当年的印第安人留下的恩物。

除了煲汤，最普通的吃法是用火来煨，这一道大工程，在家里难得做得好，还是交给街边小贩去处理吧，北京尤其流行，卖的煨番薯真是甜到漏蜜，一点也不夸张。

煨番薯是用一个铁桶，里面放着烧红的石头，慢慢把它烘熟。这个方法传到日本，至今在银座街头还有人卖，大叫烧薯，石头烧着，酒吧女郎送客出来，叫冤大头买一个给她们吃，盛惠两千五百日元，合共百多两百港币。

怀念的是福建人煮的番薯粥，当年大米有限，把番薯扔进去补充，现在其他地方难得，台湾还有很多，到处可以吃到。

最好吃还有番薯的副产品，那就是番薯叶了。将它烫熟后淋上一匙凝固了的猪油，让它慢慢在叶上融化，令叶子发出光辉和香味，是天下美味，目前已成为濒临绝种的菜谱之一了。

芦笋

芦笋卖得比其他蔬菜贵，是有原因的。

第一年和第二年种出来的芦笋都不成形，要到第三年才像样，可以拿去卖，但这种情形只能维持到第四、第五年，再种的又不行了，一块地等于只有一半的收成。

内地地广，如今大量种植，芦笋才便宜起来。从前简直是蔬菜之王，并非每个家庭主妇都买得起。好在不知道从什么地方传来，说芦笋有很高的营养成分，吃起来和鱿鱼一样，产生很多胆固醇，所以华人社会中也不太敢去碰它，在菜市场中卖的，价钱还是公道。

大枝（粗壮）的芦笋好吃，还是幼（细）的？我认为中型的最好，像一管老式的Mont Blanc钢笔那么粗的不错，但吃时要接近浪费地把根部去掉。

一般切段来炒肉类或海鲜，分量用得不多，怎么吃也吃不出一个瘾来，最好是一大把在滚水中灼一灼，加点上等的蚝油来吃，才不会对不起它。低级蚝油入口一嘴浆糊一口味精，有些还是用青口代替生蚝呢。

芦笋有种很独特的味道，说是臭青吗，上等芦笋有阵幽香，细嚼后才感觉得出。提供一个办法让你试试，那就是生吃芦笋了！只吃它最柔软细腻的尖端，蘸一点酱油，就那样送口，是天下美味之一。但绝对不能像吃刺身那样下山葵wasabi，否则味道都给山葵抢去，不如吃青瓜。

在欧洲，如果自助餐中出现了罐头的芦笋，最早被人抢光，罐头芦笋的味道和新鲜的完全不同，古怪得很，口感又是软绵绵的，有点恐怖，一般人是为了价钱而吃它。

罐头芦笋也分粗细，粗的才值钱，多种白色的，那是种植时把泥土翻开，让它不露出来，照不到阳光，就变白了。但是罐头芦笋的白，多数是漂出来的。

被公认为天下最好的芦笋长在巴黎附近的一个叫Argenteuil的地区，长出来的又肥又大，能吃到新鲜的就感到幸福得不得了。通常在老饕店买到装进玻璃瓶的，已心满意足。但是这地区的芦笋已在一九九〇年停产，你看到这个牌子的，已是别的地方种植，别上当。

鱿鱼

鱿鱼，也叫"乌贼"。英文的Squid和Cuttlefish都指鱿鱼，日文为Ika、西班牙人叫为Calamail、意大利名之Caramaro，在欧洲旅行看餐单时习用。

全世界的年产有一百二十万至一百四十万吨那么多，鱿鱼是最平价的一种海鲜，吃法千变万化。

从日本人的生吃，以熟练的刀工切为细丝，像素面，故称之为 Ika Someh，到中国人的煮炒，也靠刀工。剥了那层皮，去体中软骨和头须，再将它交叉横切，刀刀不折，炒出美丽的花纹。这并不难，厨艺嘛，不是什么高科技，失败了几次就学会。做起菜来，比什么功夫都不花好得多，你说是不是？

鱿鱼的种类一共有五百多种，其中烹调用的只限于十五到二十种罢了。我认为最好吃又最软熟的鱿鱼是拇指般大的那一种，要看新鲜不新鲜，在鱼档中用手指刮一刮它的身体，即刻起变化，成为一条黑线的，一定新鲜。不过不能在不相熟的鱼档做此事，否则被骂。

把这种鱿鱼拔须及软骨之后洗净备用，用猪肉加马蹄剁碎，调味，再塞入鱿鱼之中，最后用一枝芹菜插入须头，牢牢钉进鱼之中。放在碟上，撒上夜香花和姜丝，蒸八分钟即成，是一道又漂亮又美味的菜。

意大利人拿来切圈，沾面粉去炸，这时不叫Calamaro而叫Frittura Mista了。其他国家的鱿鱼这种做法没什么吃头，但在地中海抓到的品种极为鲜甜，又很香，拌起意粉来味道也的确不同。

日本人把饭塞进大只的鱿鱼，切开来当饭团吃，味道平凡。有种把须塞肚，再用酱油和糖醋去煮的做法，叫"铁炮烧"。但最家常的还是把生鱿鱼用盐泡渍，又咸又腥，很能下饭，叫为"盐辛"，也称之为"酒盗"，吃了咸到要偷酒来喝。

有次跟日本人半夜出海，捕捉会发光的小鱿鱼，叫"萤乌贼"。网了起来，鱿鱼还会叫，说了你也不相信。抓到的萤乌贼洗也不洗，就那么弄进一缸酱油里面，又叫又跳。这边厢，煮了一大锅饭，等热腾腾香喷喷的日本米熟了，捞八九只萤乌贼入碗，拌它一拌，就那么在渔船中吃将起来，天下美味。

紫菜

谈了两个星期的海藻，终于可以讲到紫菜了。

虽然日本人自称在他们的绳文时代已经吃海带，但依公元701年订下的税制之中，有一项叫Amanori的，汉字就是"紫菜"，后来日本人虽改称为"海苔"，但相信也是用海苔加工而成的。紫菜，应是中国传过去的。

原始的紫菜多长在岩石上面，刮下来就那么吃也行，日本人在海苔中加糖腌制，不晒干，叫"岩海苔Amanori"。装在一瓶瓶的玻璃罐中，卖得很便宜，是送粥的好菜，各位不妨买来试试。

至于晒干的，潮州人最爱吃了，常用紫菜来做汤，加肉碎和酸梅，撒大量芫荽，很刺激胃口，又好喝又有碘质。

但是中国紫菜多含沙，非仔细清洗不可。我就一直不明白为什么不在制作过程中去沙。人工高昂，卖得贵一点不就行吗？我们制造成圆形的紫菜，日本人做的则是长方形，方便用来卷饭嘛。最初是把海苔铺在凹进去的屋瓦底晒干，你看日本人屋顶上用的砖瓦，大小不就是一片片的紫菜吗？

本来最著名的紫菜是在东京附近的海滩采取，在浅草制造，叫为"浅草海苔"。当今海水污染，又填海，浅草变为观光区。你去玩时看到商店里卖的大量海苔，都是韩国和中国的输入品。

海苔加工，放大量的酱酒和味精，切成一口一片的叫"味付海苔Asitsuke Nori"，小孩子最爱吃，但多吃无益，口渴得要死。

在高级的寿司店中，坐在柜台前，大厨会先献上一撮海苔的刺身，最为新鲜美味，颜色也有绿的和红的两种。

天然的海苔最为珍贵，以前卖得很贱的东西现在不便宜。多数是养殖的，张张网，海苔很容易便生长，十二月至翌年一月之间寒冷期生长的海苔品质最优。

中国紫菜放久了也不湿，日本海苔一接触到空气就发软。处理方法可以把它放在烤箱中烘一烘，但是最容易的还是放进洗干净的电饭煲中干烤。有些人还把一片片的海苔插进烤面包炉中焙之，此法不通，多数烧焦。

牛

这个题材实在太广,牛的吃法千变万化,除了印度人和中国佛教徒不吃牛之外,全世界都吃,成为人类最熟悉的一种肉类。

仁慈之意,出于老牛耕了一辈子的田,还要吃它,忍不忍心?但当今的牛多数是养的,什么事都不必做,当它是猪好了,吃得心安理得。

老友小不点最拿手做台湾牛肉面,请她出来开店,她说生意愈好屠的牛愈多,不肯为之,一门手艺就要失传,实在可惜。

最有味道、最柔软、最够油的当然是肥牛那个部分了。不是每只牛都有的,名副其实地要肥的,拿来打边炉最适当,原汁原味嘛。要烹制的话,就是白灼了。

怎么灼?用一锅水,下黄姜末、"万"字酱油,等水滚了,把切片的肥牛放进去,水的温度即降,这时把肉捞起来。待水再滚,又把半生熟的肉放进去,熄火,就是一道完美的白灼肥牛了。

西洋人的牛扒、韩国人的烤肉、日本人的铁板烧,都是以牛为主。也不一定要现屠现吃。洋人还讲究有Dfy Aged的炮制法,把牛肉挂在大型的冰箱中,等酵素把肉的纤维变化,更有肉味,更为柔软。

所有肉类之中也只有牛肉最干净，有些牛扒血淋淋，照吃可也。吃生的更是无妨，西餐中的鞑靼牛肉，就是取最肥美的那部分剁碎生吃。韩国人的Yukei也是将生牛肉切丝上桌，加蜜糖梨丝来吃。

我见过一位法国友人做菜给两个女儿，把一大块生牛扒放进搅拌机内，加大量的蒜头，磨了出来就那么吃，两个女儿长得亭亭玉立，一点事也没有。

被世界公认为最好吃的牛肉，当然是日本的"和牛"了。WagYu这个英文拼法也在欧美流行起来，非它不欢。但爱好普通牛肉的人认为"和牛"的肉味不够，怎么柔软也没用。

有个神话是"和牛"要喂啤酒和人工按摩才养得出的。我问过神户养牛的人有没有这一回事，他回答"有"，不过是"当电视摄影队来拍的时候"。

羊

问任何一个老饕，肉类之中最好吃的是什么，答案一定是羊。

鸡猪牛固然美，但说到个性强的，没什么肉可以和羊比的。

很多人不喜欢羊肉的味道，说很膻。要吃羊肉也要做到一点膻味也没有，那么干脆去吃鸡好了。羊肉不膻，女人不骚，都是缺点。

一生中吃过最好的羊肉，是在前南斯拉夫。农人一早耕作，屠了一只羊，放在铁架器上，轴心的两旁有个荷兰式的风车，下面用稻草煨之。风吹来，一面转一面烤。等到日落，羊全熟，抬回去斩成一件件，一点调味也不必，就那么抓了羊块蘸点盐入口。太过腻的时候，咬一口洋葱，再咬一口羊。啊！天下美味。

整只羊最好吃是哪一个部分？当然是羊腰旁边的肥膏了。香到极致，吃了不羡仙。

在北京涮羊肉，并没有半肥瘦这回事，盘中摆的尽是瘦肉。这时候可另叫一碟圈子，所谓圈子，就是全肥的羊膏，夹一片肉，夹一片圈子来涮火锅，就是最佳状态的半肥瘦了。

新疆和中东一带的烤羊肉串，印象中肉总是很硬，但也有柔软的，要看羊的品质好不好。那边的人当然下香料，不习惯的话吃起来有胳肋底的味道；爱上了非它不可，就像女朋友的体味，你不会介意的。

很常见的烤羊，是把肉切成圆形，一片肉一片肥，叠得像根柱子，一边用煤气炉喷出火来烧。我在土耳其吃的，不用煤气，是一块块的木炭横列，只是圆形的一头，火力才均匀够猛，烧出来的肉特别香。

海南岛上有东山羊，体积很小，说能爬上树，我去了见到的，原来树干已打横，谁都可以爬。但是在非洲的小羊，为了树上的叶子，的确会抱着树干爬上去，这也是亲眼看到的。这种羊烤来吃，肉特嫩，但香味不足。

肉味最重的是绵羊，膻得简直冲鼻，用来煮咖喱，特别好吃。马来人的沙嗲也爱用羊肉，切成细片再串起来烧的。虽然很好吃，我还是爱羊肠沙嗲，肠中有肥膏，是吃了永生不忘的味道。

蛋

人类最初接触到植物以外的食材,也许是蛋吧?怕恐龙连自己也吃掉,只有偷它们的蛋,追不到鸟类,也只有抢它们的蛋。

蛋是天下人共同的食物,最普通,也最难烧得好。

在西班牙拍戏时,大家表演厨艺,成龙说他父母亲都是高手,本人也不赖。请他煎一个蛋看看,油未热,成龙就打蛋进去煎,当然蛋白很硬,不好吃,即刻露出马脚。

喜欢做菜的人,应该从认识食材开始,我们今天要谈的就是这一颗最平凡的蛋。

鸡蛋分棕色或白色的两种,别以为前者一定比后者好吃,其实一样,鸡的品种不同罢了。至于是农场蛋或是放养式的蛋,则由蛋壳的厚薄来分。鸡农为了大量生产,每隔数小时开灯关灯来骗鸡白昼和黑夜,让它们多生几个,壳就薄了,蛋也小了。

怎么分辨是农场蛋或放养蛋呢?从外形不容易认出,但有一黄金规律:贵的蛋、大的蛋就是放养蛋。

一般情况下人们以为买了鸡蛋放进冰箱,就可以保存很久,这是错的。

外壳一潮湿细菌便容易侵入，所以鸡蛋应该储存于室温之中。从购入那天算起，超过十日，丢弃可也。

鸡蛋的烹调法千变万化，需要另一本字典——说明。至于什么是一颗完美的蛋，这要靠你自己掌握，每一个人的口味都是不同的。

先由煎蛋说起。油一定要热，热得冒出微烟，是时候下蛋。

你爱吃要蛋黄硬一点，就煎得久一点，否则相反处理，就这么简单，但是别人替你煎的蛋，永远不是你最喜欢的蛋。所以就算你有几位菲律宾家政助理，为了一个完美的蛋，你得下厨。记得厨艺不是什么高科技，失败了三次，一定学会；再不行，证明你是弱智，无药可救。

我本人只爱吃蛋白，不喜欢蛋黄。年轻时想，如果娶一个老婆，只吃蛋黄，那么就不会浪费了。岂知后来求到的，连蛋都不喜欢吃。天下很难有完美的事。

龙虾

龙虾种类甚多,大致上分有虾钳的或无虾钳的两种。前者通称为美国龙虾,盛产于波士顿的缅因地区。香港捕捉的属于后者,色绿带鲜艳的斑点,肉质鲜美,是龙虾中最高贵的。可惜已被捕得濒临绝种,当今市面上看到的多数由澳洲进口,外表也有些像本地龙虾,但肉质粗糙,如果看到颜色全红的,那也一定是澳洲虾。日本人把龙虾叫为"伊势海老",基本上和本地龙虾同种。英文名Lobster,法国人叫为Homard,叫Langouste时,是指小龙虾。

龙虾已经被认为是海鲜中的皇族,吃龙虾总有一份高级的感觉。美国人抓到了就往滚水中扔,鲜味大失。后来受到法国菜影响,才逐渐学会剖边来烤,或用芝士焗,吃法当然没中国菜那么变化多端。

我们把烧大虾的方法加在龙虾身上,就可以做出白灼、炒球、盐焗等菜来,但是最美味的,还是外国人不懂得的清蒸。

学会生吃之后,龙虾刺身就变成高级料理了。也多得这种调理法,美国的和澳洲的,做起刺身来,和本地龙虾相差不大,不过甜味没那么重而已。能和本地龙虾匹敌的,只有法国的小龙虾,吃起刺身,更是甜美。

一经炒或蒸,本地龙虾和外国种,就有天渊之别,后者又硬又僵,付了那么贵的价钱，也不见得好吃过普通虾。

中国厨艺之高超，绝非美国人能理解，他们抓到龙虾后先去头，其实龙虾膏是很鲜美的，弃之可惜。而且他们就那么煮，不懂得放尿的过程，其实在烹调之前，应用一根筷子从尾部插入，放掉肠污，那么煮起来才无异味。

清晨在菜市场买一尾两斤重的本地龙虾，用布包它的头，取下。将头斩为两半，撒点盐去烧烤，等到虾膏发出香味，就可进食。把虾壳剪开，肉切成薄片，扔入冰水中，就能做刺身来吃。肢和壳及连在壳边的肉可拿去滚汤，下豆腐和大芥菜，清甜无比。

龙虾，只有当早餐时吃，才显出气派；午餐或晚餐，理所当然，就觉平凡了。一早吃，来杯香槟，听听莫扎特的音乐，人生享受，尽于此也。

蟹

世界上蟹的种类，超过五千种。

最普通的蟹，分肉蟹和膏蟹。前者产卵不多，后者长年生殖。都是青绿色的。

蟹又分淡水和海水。前者的代表，当然是大闸蟹了，后者是阿拉斯加蟹。

生病的蟹，身体发出高温，把蟹膏逼到全身，甚至于脚尖端的肉也呈黄色，就是出了名的黄油蟹。别以为只有中国蟹才伤风，法国的睡蟹也生病，全身发黄。

最巨大的是日本的高脚蟹，拉住它双边的脚，可达七八尺。铜板般大的日本泽蟹，炸了之后一口吃掉，也不算小。最小的是蟹毛，毫米罢了。

澳洲的皇帝蟹，单单一只蟹钳也有两三尺，肉质不佳，味淡，不甜。

从前的咸淡水没被污染，蟹都可生吃，生酱大闸蟹很流行，当今已少人敢吃。日本的大蟹长于深海六百米，吃刺身没问题。

中国人迷信，蟹一死就开始腐烂，非吃活螃蟹不行；外国人却吃死蟹，但也多数是一抓就煮熟后冷冻的。

小时母亲做咸蟹很拿手，买一只肥大的膏蟹，洗净，剥壳，去内脏，用刀背把蟹钳拍扁，就拿去浸一半酱油，一半盐水，加大量的蒜头。早上浸，到傍晚就可以吃了。上桌前撒上花生末，淋些白醋，是天下的美味。

别怕刣螃蟹，其实很简单，首要的是记住别残忍，在它的第三与第四对脚的空隙处，用一根筷子一插，穿心，蟹即死，死得快，死得安乐，这时你才把绑住蟹的草绳松开也不迟。

洗净后斩件，锅中加水，等沸，架着一双筷子，把整碟蟹放在上面，上盖，蒸十分钟即成。家里的火炉不猛的话，继续蒸，蒸到熟为止，螃蟹过火也不要紧。

另有一法，一定成功，是用张锡纸铺在镬中，等镬烧红，整只蟹不必刣，就那么放进去，蟹壳向下，撒大量的粗盐，撒到盖住蟹为止，上盖焗。怎知道熟了没有？很容易，闻到一阵阵的浓香，就熟了，剥壳，用布抹秽，就能吃了。吃时最好淋点刚炸好的猪油，是仙人的食物。

蚝

蚝,不用多介绍了,人人都懂,先谈谈吃法。

中国人做蚝煎,和鸭蛋一块炮制,点以鱼露,是道名菜,但用的蚝不能太大,拇指头节般大小最适宜。不能瘦,愈肥愈好。

较小的蚝可以用来做蚝仔粥,也鲜甜得不得了。

日本人多把蚝裹了面粉炸来吃,但生蚝止于煎,一炸就有点暴殄天物的感觉,鲜味流失了很多。他们也爱把蚝当成火锅的主要食材,加上一大汤匙的味噌面酱,虽然可口,但多吃生腻,不是好办法。

煮成蚝油保存,大量生产的味道并不特别,有点像味精膏,某些商人还用青口来代替生蚝,制成假蚝油,更不可饶恕了。

真正的蚝油不加粉,只将蚝汁煮得浓郁罢了。当今难以买到,尝过之后才知道它的鲜味很有层次,味精也不下,和一般的不同。

吃蚝,怎么烹调都好,绝对比不上生吃。

最好的生蚝不是人工繁殖的,所以壳很厚,厚得像一块岩石,一只至少有十来斤重,除了渔民之外,很少人能尝到。

一般的生蚝，多数是一边壳凸出来，一边壳凹进去，种类数之不清，已差不多都是养的了。

肉质先不提它，讲究海水有没有受过污染，这种情形之下，纽西兰的生蚝最为上等，澳洲次之，把法国、英国和美国的比了下去。日本生蚝尚可，香港流浮山的已经没人敢吃了。

说到肉的鲜美，当然首选法国的贝隆Belon。它生长在有时巨浪滔天，有时平滑如镜的布列塔尼海岸。样子和一般的不同，是圆形的，从壳的外表看来一圈圈，每年有两季的成长期，留下有如树木年轮般痕迹，每两轮代表一年，可以算出这个蚝生长了多久。

贝隆蚝产量已少，在真正淡咸水交界的贝隆河口的，是少之更少了，有机会，应该一试。

一般人吃生蚝时又滴Tabasco或点辣椒酱，再挤柠檬汁淋上，这种吃法破坏了生蚝的原味，当然最好是只吃蚝中的海水为配料，所以上等的生蚝一定有海水保留在壳里，不干净不行。

鳜鱼

鳜鱼应该是中国独有鱼类，生于江河湖泊之中，又名桂鱼、香花鱼。

身上带的花纹，很明显的是雄的，稍晦者为雌。背上有身髻刺。初刺到的人，可用橄榄擅磨来治之，这是《本草纲目》中说的，信不信由你。

野生的鳜鱼，应该非常鲜美，陆游也有诗赞之："船头一本书，船后一壶酒。新钓紫鳜鱼，旋洗白莲藕。"

清代，鳜鱼是绍兴的八大贡品之一，说道："时值秋令鳜鱼肥，肩挑网筋入京畿。"

鳜鱼少骨，一向被视为宴席上的珍品，绍兴传统名菜清蒸鳜鱼为代表作，配以火腿、笋片、香菇、姜、绍酒、鸡油、鲜汤来蒸。还有松鼠鳜鱼，亦名震中外。

一般雄鳜鱼一年就长大，雌的要两年。一年中能多次产卵，每次数量到几十万粒，包着油球，随水漂浮而孵化，旧时产量极多，当今河水污染，几乎绝种。

目前在市面上看到的鳜鱼，都是人工养殖的，肉质粗糙，一点味道也没有，变成最不好吃的鱼了。

养殖的，只能用浓味去炮制，像下大量的黑面酱或豆豉。也有大厨以南洋的辛辣香料去煮去炸，不这么做，根本吃不下去。

有人说鳜鱼态美，可作观赏鱼。灰黑色的身体和花纹，体高侧扁，背部隆起，口大下颚突出，这个说法不能成立。它的性格也非常凶猛，从幼鱼起，逢鱼必杀，水草是不吃的。猎食方式是从别的鱼的尾部咬起，慢慢嚼噬，绝不会像其他鱼一口吞之那么仁慈。

养殖鳜鱼，普通的饲料是引不起它的兴趣的，一定要将垂死的鱼喂之，不动的，鳜鱼也不吃。以鱼喂鱼，经济效益不高，养出来的鱼价贱，不知道这单生意是怎么做的。

鳜鱼亦有"淡水石斑"的美誉，但是都是没什么机会吃到海鲜的人所说的，二者根本不能相比。也许，当今的石斑也是养的，故类似。

高级海鲜餐厅中，鳜鱼是不会出现的，只常用于普通食肆，香港人喜欢吃活鱼，称之为游水鱼，而养殖好鱼的唯一价值，是它不容易死，能够游水罢了。

黄鱼

黄鱼亦叫"黄花",分大黄鱼和小黄鱼,和其他鱼类不同的是,它的头脑里有两颗洁白的石状粒子,用来平衡游泳,所以日本人称之为"石持lshimochi",英国名为White Croaker,可见不是所有黄鱼都是黄色。

据老上海人说,在二十世纪五十年代每年五月黄鱼盛产时,整个海边都被染成金黄。吃不完只好腌制。韩国也有这种情况,小贩把黄鱼晒干后用草绳吊起,绑在身上到处销售,为一活动摊档,此种现象我在六十年代末期还在汉城(首尔)街头看过,当今已绝迹。

生态环境的破坏,加上过量的捕捉,黄鱼产量急剧下降,现在市面上看到的多数是养殖的,一点味道也没有。真正黄鱼又甜又鲜,肉质不柔也不硬,恰到好处,价钱已达至高,不是一般年轻人能享受到的。

著名的沪菜之中,有黄鱼两吃,尺半大的黄鱼,肉红烧,头尾和骨头拿来和雪里蕻一起滚汤,鲜美无比。更大一点的黄鱼,可三吃,加多一味起肉油炸。

北方菜中的大汤黄鱼很特别,肚腩部分熬汤,加点白醋,鱼本身很鲜甜,又带点酸,非常惹味,同时吃肚腩中又滑又胶的内脏,非常可口。

杭州菜中有道烟熏黄鱼,上桌一看,以为过程非常复杂,其实做法很简

单,把黄鱼洗净,中间一刀剖开,在汤中煮熟后,拿个架子放在铁锅中,下面放白米和蔗糖。鱼盛碟放入,上盖,加热。看到锅边冒出黄烟时,表示已经熏熟,即成。此菜天香楼做得最好。

一般的小黄鱼,手掌般大,当今可以在餐厅中叫到,多数是以椒盐炮制。所谓椒盐,是炸的美名,油炸后沾点焦盐吃罢了。见小朋友们吃得津津有味,大赞黄鱼的鲜美,老沪人看了摇头,不屑地说:"小黄鱼根本和大黄鱼不同种,不能叫黄鱼,只能称之为梅鱼。"

黄鱼的旧名为石首,《两航杂录》中记:"诸鱼有血,石首独无,僧人谓之菩萨鱼,有斋食而啖之者。"和尚有此借口,是否可以大开杀戒,不得而知。

我们捕到河豚丢掉,日本人不爱吃黄鱼,传说渔船在公海中互相交换,亦为美谈也。

河鳗

我们一直对鳗鱼和鳝鱼搞不清楚,以为前者是大只的,后者为小条,但是六七尺长的巨鳗,广东人则称为花锦鳝。外国人则通称为EEL,比较简单。

先谈谈河鳗吧,通常是灰白色,两三尺长。认定它们一定长在淡水之中,其实也不然,鳗科的鱼,多数是在海中产卵,游入湖泊和溪涧生长,再回到大海中。

鳗鱼的生命力极强,就算把它的头砍断,照样活动,家庭主妇难于处理,还是请小贩们剖宰算了。

买回家后,旧时候从炉中抓出一把灰去擦,这一来鳗鱼就不会滑溜溜,像广东话中说的"潺"了。当今的家庭哪来的炭?用一把盐代替吧,不然把手浸在醋里也可以抓得牢。

鳗鱼的做法数之无穷,一般人放一把杞子在清水中,下一条大鳝鱼,清炖个个把小时,即能成为一锅又香又浓的汤来,什么调味品都不必加,肉可食之,汤又极甜,天下美味。

潮州人的盘龙白鳝,是把鳗鱼斩件,但是背脊部分还让它连住,包以咸酸菜的叶子,下面铺了荷叶蒸出来,鳗鱼团团转,扮相极佳,味道又好。

鳗鱼很肥，脂肪要占体重的十三巴仙（13%）左右，所以皮的部分最好吃，也最为珍贵。巨大的花锦鳝，不可多得，生活在桥的基石边，抓到了就打锣打鼓，任乡亲们各分一份。

店里卖的花锦鳝就不是免费了，要"认头"，那就是只有客人订购了鳝头才剀的。头最贵，身体的部分斩成一块块，便宜得多。做法是油炸后再炆，一个头就是一大锅，最后剩下的汁用生菜来煨。

一般上日本人是不吃鱼皮的，除了鳗，他们最著名的"蒲烧 Kabayaki"就是最讲究吃皮，愈肥愈厚愈好。因含大量的维他命A，日本人认为夏天吃鳗，这一年的身体才够强壮，每年到了夏天举行"丑之日"来庆祝。鳗鱼的肝和肠也好吃，烧烤和做汤都行。

外国人也吃鳗，英国下层社会的"国食"，就是他们的鳗鱼冻 Jelhsd eel。德国人有种鱼汤 AaluPPe，都是名菜。北欧人还有鳗鱼酿入面包的做法，称之为Paling Broodies。

鲍鱼

最珍贵的鲍参翅肚，鲍鱼占了第一位，可见是海味中天下第一吧。

干鲍以头计，一斤多少个，就是多少头。两头鲍鱼，当今可以登上拍卖行，有钱也不一定找得到。

鲍鱼从小到大，有一百种以上。吃海藻，长得很慢，四五年才成形。要大得七八寸长的，需数十年。

壳中有三四个孔，才称鲍鱼，有七八个孔的小鲍，有人称之为"床伏"Tukodushi或"流子"Nagareko，九个洞的，台湾人叫九孔。

大师级煮干鲍，下蚝油。我一看就怕，鲍鱼本身已很鲜，还下蚝油干什么？依传统的做法，浸个几天，洗扫干净。用一只老母鸡、一大块火腿和几只乳猪脚炆之，炆到汤干了，即上桌，没有发好之后现场煮的道理。

干鲍来自日本的品质最好，这没话说。澳洲、南非都出鲍鱼，不行就不行。

别以为贵就当礼品。日本人结婚时最忌送鲍鱼，因为它只有紫边壳，有单恋的意思，不吉利的，但可送一种叫"熨斗鲍鱼"的，是将它蒸熟后，像削苹果皮般团团片薄，再晒干。吃时浸水还原，当今已难见到。

新鲜的鲍鱼,生吃最好,但要靠切工,切得不好很硬。最高级的寿司店只取顶上圆圆那部分,取出鲍鱼肝,挤汁淋上。吃完之后剩下的胆汁,加烫热的清酒,再喝之,老饕才懂。

韩国海女捞上鲍鱼后,用铁棒打长成条,叉上后在火上烤,再淋酱油,天下美味也。

澳洲鲍肉质低劣,只可生吃,或片成薄片,用一火炉上桌,灼之,亦鲜味,但也全靠片工,机器切的就没味道。

最原始的吃法是将整个活生生的鲍鱼放在铁网上烧,见它还蠕动,非常残忍,此种吃法故称"残忍烧"。

吃鲍鱼,我最喜欢吃罐头的,又软又香,但非墨西哥的"车轮牌鲍"不可,非洲或澳洲的罐头一点也不好吃。买车轮牌也有点学问,要看罐头底的凸字,印有PNZ的才够大。

鲍鱼有条绿油油的肝,最滋阴补肾,我们不惯吃,日本人当刺身,吃整个鲍鱼如果没有了肝,就不付钱了。

鸡

小时候家里养的鸡到处走，生了蛋还热烘烘的时候，啄个洞生噬。客人来了，屠一只，真是美味。

现在我已很少碰鸡肉了，理由很简单：没以前那么好吃，也绝对不是长大了胃口改变的问题，当今都是养殖的，味如嚼蜡。

西餐中的鸡更是恐怖到极点，只吃鸡胸肉，没幻想空间。煎了炸了整只吃还好，用手是允许的，凡是能飞的食材，都能用手，中餐中反而失仪态了。西餐中做得好的土鸡，还是吃得过。法国人用一个大锅，下面铺着洗干净的稻草，把抹了油和盐的鸡放在上面，上盖，用未烤的面包封口，焗它二十分钟，就是一道简单和原始的菜，好吃得不得了。将它变化，下面铺甘蔗条，鸡上撒龙井茶叶，用玉扣纸封盖，也行。

在西班牙和韩国，大街小巷常有些铺子卖烤鸡，用个玻璃柜电炉，一排十只，十排左右，转动来烤，香味扑鼻，明知道没什么吃头，还是忍不住买下一只。拿回去，第一、第二口很不错，再吃下去就单调得要死。

四川人的炸鸡丁最可观，一大碟上桌，看不到鸡，完全给大量的辣椒干盖着，大红大紫，拨开了，才有那么一丁丁的鸡，叫为炸鸡丁，很贴切。

外国人吃鸡，喜欢用迷迭香Rosemary去配搭，我总认为味道怪怪的，这是我不是在西方生长之故。我们的鸡，爱以姜葱搭配。洋人也吃不惯，道理相同。

各有各精彩，谈起鸡不能不提海南鸡饭，这是南洋人发扬光大，在海南岛反而吃不到像样的。基本上这道菜源自白切鸡，将鸡烫熟就是，把烫后的鸡油汤再去煮饭，更有味道了，黑漆漆的酱油是它的神髓。

日本人叫烤鸡为烧鸟。烧鸟店中，最好吃的是烤鸡皮，又脆又香，和猪油渣异曲同工。

近年在珠江三角洲有很多餐厅卖各式各样的走地鸡，把它们搁在一个玻璃房中，任君选择，名副其实的"叫鸡"。

鸭

为什么把水陆两栖的动物叫为"鸭"？大概是它们一直"鸭鸭"声地叫自己的名字吧？

鸭子走路和游泳都很慢，又飞不高，很容易地被人类饲养成家禽。它的肉有阵强烈的香味或臭味，视乎你的喜恶，吃起来总比鸡肉有个性得多。

北方最著名的吃法当然是北京烤鸭了。嫌它们不够肥，还发明出"填"法饲养，实在残忍。

烤鸭一般人只吃皮，皮固然好吃，但比不上乳猪。我吃烤鸭也爱吃肉，就那么吃也行，用来炒韭黄很不错。最后连叫为"壳子"的骨头也拿去和白菜一齐熬汤。时间够的话很香甜，但是熬汤时记得把鸭尾巴去掉，否则异味骚你三天，久久不散。

鸭尾巴藏了什么东西呢？是两种脂肪。你仔细看它们游泳就知道，羽毛浸湿了，鸭子就把头钻到尾巴里取了一层油，再涂到身体其他部分，全身就发光，你说厉不厉害？

可是爱吃鸭屁股起来，会上瘾的。我试过一次，从此不敢碰它。

南方吃鸭的方法当然是用来烧或卤，做法和鹅一样。贵的吃鹅，便宜的吃鸭。鸭肉比鹅优胜的是它没有季节性，一年从头到尾都很柔软，要是烧得好的话。

至于鸭蛋，和肉一样，比鸡的味道还要强烈，一般都不用来煮，但是腌皮蛋咸蛋都要用鸭蛋，鸡蛋的话味不够浓。

潮州福建的名菜蚝煎，也非用鸭蛋不可，鸡蛋就淡出个鸟来。

西餐中用鸭为材料的菜很多。法国人用油盐浸鸭腿，蒸熟后再把皮煎至香脆，非常美味。意大利人也爱用橙皮来烹制鸭子，只有日本菜中少见，日本的超市或百货公司中都难找到鸭，在动物园才看得到。

其实日本的关西一带也吃的，不过多数是琵琶湖中的水鸭，切片来打边炉。到烧鸟店去也可以吃烤鸭串。

日本语中骂人的话不多，鸭叫为Kamo，骂人家Kamo，有"老衬"（傻瓜）的意思。

鹅

鹅，是将雁家禽化的鸟类。大起来，比小孩高，性凶，看到儿童穿着开裆裤，也会追着来啄。乡下人也有养它们来看门的习俗。

比鸡和鸭都聪明，鹅看到矮桥或低栏时，会把颈项缩起，俯着头走过。也有人目睹它们知道在附近有老鹰，飞翔着的野鹅群，每一只都咬着一块石头，防止自己的本性吵杂，喜欢"鹅鹅"地叫个不停。

最常见的灰色鹅，也有野生的，养殖的多数是白色。

世界上也只有欧洲人和中国人会吃鹅。但古埃及的壁画上已有养鹅图画，当年已经学会填鹅，迫使它们的肝长大。

日本人不懂得，充其量也只会吃鸭子。至于鹅，只能在动物园里看得到。

我们吃鹅，最著名的制法是广东人的烧和潮州人的卤。前者有时吃起来觉得肉很老很硬，这对专门卖鹅的餐厅是很不公平，认为他们的水准不稳定。其实鹅肉一年之中，只有在清明和重阳前后的那段时间最嫩，其他时候吃，免不了有僵硬的口感。

潮州人知道这个毛病发生在烧上面，烧鹅只是皮好吃，不如卤将起来，不管年纪多大的鹅，都能卤得软熟。

一般人有时连鸭和鹅都分辨不出，其实很简单，看头上有没有肿起来的骨头就知道了，鹅的身体，线条也较优美，鸭子很丑陋，两者一比就分出输赢，怪不得王羲之爱鹅不爱鸭。

吃鹅的话，除了卤水，香港的镛记做得最好。他们烧起鹅来连木炭也讲究，要求制出最完美的招牌菜。不过，更好吃的，是烟熏鹅。

在镛记厨房，鹅的佳肴变化多端，可用鹅脑制冻，也用鹅肝做腊肠。

说到鹅，不能避免谈鹅肝酱，法国人最拿手。但劝告各位要试的话，千万要买最贵最好的。我最初就是没那么做，接触到劣货，觉得有阵腐尸味道，差点作呕。后来都没碰过它，直到在法国乡村住下，试过最好的鹅肝酱才改观，但已经白白浪费了数十年。

猪肚

家禽的胃部,中国人通称为肚。那个"胃"字联想到反胃和倒胃,不用是有道理的。

猪肚只有中国人吃,洋人和日本人是不去碰的。这与他们不会洗濯有关,传统的方法极为复杂,当今已只是文字记载,真正实行的人不多,过程分"三洗三煮":

一个猪肚,先擦了盐,冲干净,刮掉肚中的肥膏,再撒上生粉,然后在滚水中灼一灼,拿出来,把猪肚再刮再洗,又抛进滚水中煮个十五分钟。捞出冲冷水,才轮到第三次在上汤中煲个一小时,大功告成。

就算不花那么多工夫,猪肚的清洁还有一法,外层用盐洗净,然后伸手进肚内,将它反转。不必下油,将锅烧红,把猪肚当手套,在镬面上灼之,除去猪肚内层的薄膜。这么一来,整个猪胃就干干净净了。

再不然,用最原始的办法,洗后又洗,再洗之,只要勤力就是。

老潮州人还会做水灌猪肚,让其肌肉纤维膨胀,大量的水灌得整个猪肚很厚,中间部分近于透明。此物拿来滚汤,才最爽脆,可惜此技已经失传。

老一代的广东人真会吃，先用四只老母鸡熬了汤，加白果，再把猪肚放进去煮，不会吃猪肚的洋人，要是尝了此味，也即上瘾。

及第粥少不了猪肚。猪肚烧卖，和猪肺烧卖同级，是怀旧点心。

将整只鸡塞进猪肚之中，熬数个小时，是东莞菜之一。

潮州人也很会做猪肚，代表性的有他们的猪肚汤。抓了一大把原粒的胡椒放进肚内，用咸酸菜和猪骨整个熬出来，上桌时才把猪肚煎开，切片，不但美味，还有暖胃的作用。猪杂汤中除了猪肺、猪腰、猪红等配料之外，最主要的还是猪肚，用上述的灌水方式炮制，上桌前加珍珠花菜，用猪油爆香的干葱和蒜泥，是人间美味。

选购猪肚时，最重要是看胃壁够不够厚，薄了便枯燥无味。有些人只选最厚那个部分片成薄片，称为猪肚尖，最豪华不过了。

火腿

火腿，是盐腌过后，再风干的猪腿。英国人叫为Ham，西班牙语Jamon，法语Iambon，意大利人则叫为Prosciutto。

一般公认西班牙的火腿做得最好，而最顶级的是Jamon lbefico de Bellota，是用特种黑猪的后腿经二十四个月干燥制成。外国人都以为火腿是片片来吃的，但是我住在巴塞罗那时，当地人吃的是切成骰子般大，并不片片。

意大利的Prosciutto di Parma、法国的Jambon de Bayonne和英国的Swiltshire Ham联合起来，把西班牙火腿摒开一边，说他们的才是世界三大火腿。

但照我说，还是中国的金华火腿最香，可惜不能像西洋的那么生吃。金华火腿美极了，选腿中央最精美的部分，片片来吃，是天下美味，无可匹敌。在中环的"华生烧腊"可以买到，要找最老的师傅，才能片得够薄。

我们在西餐店，点的生火腿伴蜜瓜，总称为Parma Ham，可见庞马这个地区是多么出名，买时要认定为"庞马公爵"的火印，由政府的检查宫一枚枚烙上去。

庞马火腿肉鲜红，喜欢吃软熟的人最适合，但真正香味浓郁的，是肉质深红，又较有硬度的Prosciutto di Santo Paniele，一切开整个餐厅都闻得到。我认为比较接近金华火腿，在外国做菜时常拿它来代替金华火腿煲汤，这种火腿从前还在帝苑酒店内的Sabatini吃得到，当今已不采用，剩下庞马的了。

一般人以为生火腿只适合配蜜瓜，其实不然。我被意大利人请到乡下做客，大餐桌摆在树下。树上有什么水果成熟就伸手摘下来配火腿吃，绝对不执著。

生火腿要大量吃才过瘾，像香港餐厅那么来几片，不如不吃。有一次去威尼斯，查先生和我们一共四人叫生火腿，侍者用银盘捧出一大碟，以为四人份，原来是一客罢了，这才是真正意大利吃法。

恶作剧的话，可以去火锅店或涮羊肉铺子时，用生火腿铺在碟上，和其他生肉碟混在一起，看到你不喜欢的八婆前来，用双手抓生火腿猛吞入肚，一定把她吓倒。

蜜瓜

一讲起蜜瓜，人们就想起了哈密瓜和日本的温室蜜瓜，其实它的种类颇多，大致上可以分夏日蜜瓜（Summer Melons）和冬日蜜瓜（Winter Melor）两大类。

前者以意大利的Cantaloupe和新疆的Musk Melon为代表，果肉大多是橙色的。Musk ·Melon又叫UNetted Melon，外皮有网状的皱纹，日本蜜瓜属此类，但品种已改良了，肉也呈绿色。

后者以美国的Honeydew Melon为代表，皮圆滑，呈浅绿色，完全是甜的。

夏日蜜瓜可当沙律，但最多的例子是和生火腿一块吃，也不知道是谁想出来的主意，一甜一咸，配合得极佳。

有些夏日蜜瓜并非很甜，尤其是个头小、像柚子般大的绿纹蜜瓜，可以拿来和钵酒一块吃。一人一个，把顶部切开当盖，挖出瓜肉，切丁，再装进瓜中，倒入钵酒，放进冰箱，约两个钟（小时），这时酒味渗入，是西方宫廷的一道甜品。

著名的法国大厨维特尔，宴会前国王由巴黎运来的玻璃灯罩被打破，主人不知道怎么办时，维特尔把蜜瓜挖空当灯饰，传为佳话。

当今新派菜流行，也有人把蜜瓜代替冬瓜，做出蜜瓜盅来，但蜜瓜太甜，吃得生腻，并非可取。

蜜瓜当然可以榨汁喝，也有人拿去做冰淇淋和果酱。其实，切开后配着芝士吃，也很可口。

日本的温室蜜瓜多数在静冈县、爱知县种植。北海道种的叫"夕张蜜瓜 Yubari Melon"，外表一样，但肉是橙红颜色的，档次不高。

肉绿色的温室蜜瓜，价钱也分贵贱，大致上夏天比冬天便宜。

贵的原因，是温室中泥土一年要换一次，不然蜜瓜的营养成分就不够了。为了使它更甜，当一株藤长出十多个小蜜瓜的时候，果农就把所有的都剪掉，只剩下一个，把营养完全给了它。"一株一果"的名种，由此得来。普通蜜瓜一个三四千日元，这种要卖到一万多两万日元了。

蜜瓜可储藏甚久，要知道它熟了没有，可以按按它的底部，还是很坚硬时，就别去吃它。

山楂

山楂，拉丁学名为Crataegi Fructus，没有俗名，可见不是与西洋人共同喜欢的食物，中国的别名有焦山楂、山楂炭、仙楂、山查、山炉、红里和山里红。

山楂可以长高至三十尺。春天开五瓣的白花，雌雄同体，由昆虫受精后长出鱼丸般大的果实，粉红至鲜红。秋天成熟，收获后三四天果肉变软，发出芳香。新鲜的山楂果在东方罕见，看到的多数是已经切片后晒成干的。

一颗颗的红色山楂果实，可以生吃，但酸性重，顽童尝了一口即吐出来，大人则在外层加糖，变成了一串串的糖葫芦。

到南美或有些欧洲国家旅行，有些树上长的，像迷你型的苹果，很多人不知道，其实也属于山楂的一类，通称墨西哥山楂，英文名字为Hawthorn，味甚酸，当地人也喜欢用糖来煮成果酱的。营养很高，一百克的山楂之中，含有九十四毫克的钙、三十三毫克的磷和二克的铁。富有维他命C，比苹果要高出四五倍来。

凡是有酸性的东西，中医都说成健脾开胃、消食化滞、活血化痰等，更有医治泻痢、腰痛疝气等的功能。

最实在的用途，是听老人家的教导：在炊老鸡、牛腿等硬绷绷的肉块时，抓一把山楂片放进锅中，肉很快就软熟，此法可以试试看，非常灵验。

最普通接触到的，当然是山楂膏或山楂片了，喝完了苦涩的中药，抓药的人总会送你一些山楂片，甜甜酸酸，非常好吃，也吃不坏人，当成零食，更是一流。

因为酸性可以促进脂肪的分解，山楂当今已抬头，变成纤体健康食品。

台湾人发明了一种叫"山楂洛神茶"的，用山楂、洛神花、菊花、普洱茶来炮制，说成是最有减肥作用的饮品。

如果要有效地清除坏的胆固醇，用山楂花和叶子来煎服用亦行。

山楂凉冻是用大菜来煲山楂，加冰糖或蜜糖，煮成褐色透明的液体，有时还会加几粒红色的杞子来点缀，结成冻后切片上桌，又好吃又美观。

而和日常生活最有关联的就是山楂汁了。做法最为简单：抓一把山楂片，用水滚过半小时，最后才下黄糖即成。味淡冷冻来喝，过浓加冰。

为什么有些地方的山楂汁更好喝呢？用料就得复杂一点，加金银花、菊花和蜂蜜。

当成食物，可用山楂加糯米煮成山楂粥。当成汤，可用山楂加荸荠及少许白糖煮成雪红汤。

日本人叫为山查子Sanzashi，当今在日本已见有罐头的榨鲜山楂汁出售，也有人浸成水果酒。

近年来，西医也开始重视山楂，认为是治血压高的良方。在德国，一项研究指出山楂有助强化心肌，对于肝病引发的心脏病有疗效，制成药丸来卖。

有种中国的成药叫"焦三仙"，是由山楂、麦芽、神曲制成，用于消化不良、饮食停滞，从前的老饕都知道有这种恩物。

如果不买成药，老饕们也会自己煲山楂粥来增进食欲，或用山楂和瘦肉来煲汤。

最有效的，应该是山楂桃仁露，做法为把一公斤山楂、一百克的核桃仁煲成两三碗糖水，最后下大量的蜜糖。

芒果

芒果应该是原产于印度，早在公元前二千年，已有种植的记录。

英文名Mango，法文名Mangue，菲律宾叫它为Manga。中国名也有种种变化：芒果、蜜芒等。

除了寒带之外，到处皆产，近于印尼、马来西亚、菲律宾，远至非洲、南美洲诸国，当今海南岛也大量种植。

树可长至二三十尺高，每年十月前后结果，如果公路上种的都是芒果，又美观又有收成。也有疯狂芒果树，任何一个季节都能成熟。种类多得不得了，短圆、肥厚、扁平。大小各异，有和苹果接枝的苹果芒，粉红色；也有大如柚子的新种，本来的颜色只有绿和黄两种。

东南亚一带的人也吃不熟的，绿芒果有阵清香。肉爽脆，最为泰国人喜爱。一般的吃法是削丝后拌虾膏和辣椒，也有人点酱油和糖。

中国古代医学说芒果可以止呕止晕眩，为晕船之恩物，但芒果有"湿"性，能引致过敏和各种湿疹。西医没有这个"湿"字，也警告病人有哮喘病的话，最好少吃。

芒果吃多了也会失声，也会引起嘴唇浮肿，应付的方法是以盐水漱口，或饮之。

吃法千变万化，就那么生吃的话，用刀把核的两边切开，再像数学格子那么划割，最后双手把芒果翻掰，一块块四方形的果肉就很容易吃进口了。

好的芒果，核薄，不佳的核巨大，核晒干了可成中药药材，可治慢性咽喉炎。肉可晒成芒果干，或制成果酱。

近年来，把芒果榨汁，淋在甜品上的水果店开得多，芒果惹味，此法永远成功。又用芒果汁和牛奶之类做的糖水，取个美名，称之为"杨枝甘露"，也大受欢迎。

日本人从前吃不到芒果，一试惊为天人，当今芒果布甸大行其道。一爱上了，自己研究种植，在温室中培养出极美极甜的芒果，卖得很贵。

适口者珍，但公认为最佳品种，是印度的Alfonso，从前只有贵族才有资格吃的，当今已能在重庆大厦买到。

芒果很甜，又有独特的浓味，别的水果吃多了会腻，但只有芒果愈吃愈爱吃，有点俗闷，挤不进高雅水果的行列。

柠檬

柠檬，指的是黄色的果实，与绿色、较小的青柠味道十分接近，同一属，但不同种。前者的英文名Lemon，后者称为Lime，两种果实，不能混淆。

可能由原名Lemon音译，中国的柠檬是由阿拉伯人带来的，宋朝文献有记载，但应该在唐朝已有人种植。

据种种考究，柠檬原产于印度北部，在公元前一世纪已传到地中海各国，庞贝古城的壁画中有柠檬出现，火山爆发在公元前七十年，时间没有算错。

柠檬是黄香料柑橘属的常绿小乔木，嫩叶呈紫红色，花白色带紫，有点香味。两三年便能结果，椭圆形，拳头般大。在意大利乡下常见巨大的柠檬，有如柚子。

带着芬芳的强烈酸性，是柠檬独有的。一开始就有人用在饮食上，是最自然和高级的醋。具药疗作用，反而是后来才发现的。

航海的水手，最先知道柠檬能治坏血病，中医也记载它止咳化痰，生津健脾，现代的化验得知它的维他命C含量极高，对于预防骨质疏松，增加免疫的能力很强。当今还说可以令皮肤洁白，制成的香油，占美容市场很重要的位置。

吃法最普遍的是加水和糖之后做成柠檬汁Lemonade，它是美国夏天的最佳饮品，每个小镇的家庭都做来自饮或宴客，是生活的一部分了。

柠檬和洋茶配合得最好，嗜茶者已不可一日无此君。说到鱼的料理，不管是煮或烧，西洋大厨，无不挤点柠檬汁淋上的，好像没有了柠檬，就做不出来。

中菜少用柠檬入食，最多是切成薄片，半圆形地摆在碟边当装饰而已。

反而是印度人和阿拉伯人用得多。印度的第一道前菜就是腌制的柠檬，让其酸性引起食欲。中东菜在肉里也加柠檬，来让肉质软化。希腊人挤柠檬汁进汤中。有种叫Avgolemono酱，是用柠檬汁混进鸡蛋里打出来的。

做成甜品和果酱，是重要原料之一。香港人也极爱把它腌制为干果，叫"甘草柠檬"。

柠檬的黄色极为鲜艳，画家用的颜料之中，就有种叫为"柠檬黄色Lemon Yellow"的。用原只柠檬来供奉在佛像前面，又香又庄严，极为清雅，不妨试之。

红豆

红豆，又名赤小豆。原产于中国，传到日本。在欧美罕见，英美人反而用日本名Azuh Bean，又误写为Adsuki，皆因洋人不会发 TSU的音，其实应该是Atsuki才对。

给王维的诗"红豆生南国，春来发几枝。劝君多采撷，此物最相思。"迷惑了，但彼豆非此豆。王维的红豆，树高数十尺，长有长荚，爆发的红豆，壳硬，不能食。真正的红豆丛生于稻田中，收割了稻，秋冬期再种红豆。开黄色小花，很美。

排在大豆后面，红豆很受欢迎，所含营养超过小麦、山米和玉米，淀粉质极高。自古以来中国人都知道它有药用，《本草纲目》的论述最为精辟，认为红豆可散气，令人心孔开，止小便数。其他记录也有治脚气、水肿、肝脓等作用。西医也证实红豆有皂碱Saponin，能解毒。

对民间生活来说，红豆只是用来吃，不管那么多的医疗。最普遍的就是磨糊，成为众人所爱的红豆沙，月饼中不可缺少的材料，包汤圆也非它不可。煮成红豆汤，更是最简单的甜品。

一碗平凡的红豆汤，要把烹调过程掌握好，才会美味：手抓一把红豆，可煲两三碗的。洗净后在水中泡二十分钟左右，半小时亦无妨。水滚了放红豆入锅，猛火煮五分钟，再放进砂锅中，中火焖上一小时，完成后再下糖。

从前的人少接触到糖，一做红豆沙，非甜死人不可。当今已逐渐减少，有些人还用葡萄糖和代糖，但失原味。

日本人把红豆当为吉祥物，混入米中，煮出赤饭来，在过年的时候也煲小豆粥来吃。他们的红豆沙，至今还是按照古法，做得很甜。

用大量的糖，配合糯米团煮出来红豆，叫"夫妇善哉"，甜蜜得很。

在日本，红豆的规格很严谨，直径4.8毫米以上的，才可以叫"大纳言小豆"，其他的只称之为普通小豆，北海道十胜地区的种最好。

有一种比普通红豆大几倍的，叫"大正金时"，其实它不是大型红豆，是属于稳元豆类，不可混淆。

爱吃的人才是爱生活的人，
只有爱生活才能有快乐。